Maya 场景模型案例制作

主　编：郭法宝　刘　静　孟　倩
副主编：田雪芹　王　伟　邱彩霞

北京理工大学出版社
BEIJING INSTITUTE OF TECHNOLOGY PRESS

内 容 简 介

本书是一本以案例制作为主的三维场景制作教材，以 Maya 2017 为主要的软件平台进行讲解，通过项目式教学将三维场景制作的流程具象化，按照"循序渐进、由浅入深"的原则设置项目任务，力求使本书内容翔实、实例丰富、结构清晰、通俗易懂，注重专业能力的养成和提升。

本书内容为初识 Maya 软件与三维动画场景、桌子上的果盘场景制作、公交站台场景制作、古建筑场景制作、温馨卧室场景制作、夕阳下的城堡场景制作。本书通过案例的实际操作讲解，读者可以快速上手，熟悉软件功能和制作思路。书中的知识目标、技能目标、素养目标可以让读者快速了解案例学习的重难点。拓展练习可以拓展读者的实际应用能力，提高读者的软件使用技巧。本书可作为高等职业院校动漫、游戏等专业的教学用书，同时适用于业余自学或培训机构使用。

图书在版编目（CIP）数据

Maya 场景模型案例制作 / 郭法宝，刘静，孟倩主编
. -- 北京 ：北京理工大学出版社，2024.1
　ISBN 978 - 7 - 5763 - 1988 - 0

Ⅰ．①M… Ⅱ．①郭… ②刘… ③孟… Ⅲ．①三维动画软件 Ⅳ．①TP391.414

中国国家版本馆 CIP 数据核字（2023）第 003577 号

责任编辑：王玲玲　　文案编辑：王玲玲
责任校对：刘亚男　　责任印制：施胜娟

出版发行 / 北京理工大学出版社有限责任公司

社　　址 / 北京市丰台区四合庄路6号

邮　　编 / 100070

电　　话 / (010) 68914026（教材售后服务热线）
　　　　　　(010) 68944437（课件资源服务热线）

网　　址 / http://www.bitpress.com.cn

版 印 次 / 2024 年 1 月第 1 版第 1 次印刷

印　　刷 / 涿州市新华印刷有限公司

开　　本 / 787 mm×1092 mm　1/16

印　　张 / 13.25

字　　数 / 202 千字

定　　价 / 69.00 元

前言

　　随着三维动画行业的快速发展，三维场景作为动漫作品的主要元素，其制作需求愈发明显。Maya 作为目前世界上最为优秀的三维场景制作软件之一，被广大 CG 爱好者所追捧。为了帮助院校和培训机构系统讲授这门课，使读者能够熟练使用 Maya 软件进行场景制作，我们组织了一线教学教师和企业专家共同编写了本书。

　　Maya 场景模型案例制作属于 Maya 软件学习的基础课程，是动画专业的必修课程。作者是多年从事一线教学工作的老师，具有丰富的教学和项目制作经验。本书以 Maya 2017 为平台，采用循序渐进、由浅入深、图文并茂的方式系统地讲解了三维场景制作流程中模型制作、材质制作、贴图绘制、灯光搭建、渲染输出、后期处理等环节的制作方法和技巧。全书分为 6 个模块：模块一主要介绍 Maya 软件的应用领域、功能与安装方法，以及三维动画场景的概念和制作流程；模块二讲述了 Maya 软件的曲面建模工具，并通过果盘场景制作介绍了样条线制作和旋转命令的制作方法；模块三介绍了公交站台场景的制作，详细讲解了多边形建模的用法和技巧；模块四介绍了古建筑场景的制作方法，并通过案例使读者掌握古建筑的制作技巧；模块五介绍了温馨卧室场景的制作，综合讲解了室内场景建模、材质、灯光、渲染、合成的整体制作流程；模块六介绍了夕阳下的城堡场景制作，通过案例详细讲解了室外场景的整体制作流程。

　　本书适合作为高职院校动漫与游戏相关专业教材，也适合作为社会三维模型培训班的教材和广大三维模型爱好者的自学图书。本书的内容主要针对 Maya 软件的初学者，是一本难易适中的入门图书。

　　由于作者水平有限，对书中的不当之处，恳请批评指正。

目 录

模块一

初识Maya软件与三维动画场景

【知识目标】

1. Maya 软件的应用领域 ★
2. Maya 软件的安装要求 ★
3. 中英文软件版本的优势与劣势 ★
4. Maya 2017 软件界面 ★★★★
5. 了解三维动画场景 ★★

【素养目标】

树立三维动画场景规范制作职业素养；培养精益求精的三维模型制作工匠精神；提升学生对于三维技术应用领域、制作软件、三维动画场景制作流程的认知。

项目一 Maya 软件的应用领域

作为世界顶级的三维动画软件，Maya 在影视动画制作、影视包装、游戏开发等领域都占据主导地位。

（一）影视动画制作

在影视动画制作中，Maya 是数字艺术家当之无愧的首选软件，它被广泛应用于角色的制作、场景的制作、特效的制作等。很多知名影视动画作品，如《变形金刚》《星球大战》《最终幻想》《功夫熊猫》等作品中都能看到 Maya 的身影，如图 1-1 所示。

提示：Maya 软件与其他三维软件相比，其优势在于刻画精致的、真实的、华丽的画面，但是这种高水平、高精度的画面会相对占用较多的存储空间，对计算机也会有更高的要求，其渲染速度也相对较长，在渲染影视级别的影片时，往往会动用上百台高配置计算机同时渲染，以提升渲染速度。因此，同学们选购计算机时，应挑选配置较高的机器。

（二）影视包装

在影视包装领域，很多影视画面效果单纯依靠一种影视编辑软件无法达到。为了制作出高质量、高水平的画面效果，很多影视从业者选择利用 Maya 软件配合其他影视特效软件的方式来包装画面，如图 1-2 所示。

图 1 - 1　影视动画作品

图 1 - 2　电视栏目包装

提示：随着影视编辑软件（如 After Effects、Premiere、Fusion、Edius）的普及和易操作化，网络上涌现出各式各样的影视包装模板，这大大降低了制作成本，却也对影视包装专业提出了更高的质量要求。影视编辑软件与 Maya 软件的搭配使用，可以制作出富有体积感、空间感、质感和光感的高质量画面，这是单纯使用影视编辑软件所无法达到的。包含三维建模的影视包装在市场上拥有更高的价值。

（三）游戏开发

Maya 被应用于游戏开发，是因为它不仅能够用来制作流畅的动画，还因为 Maya 提供了直观的多边形建模、UV 贴图工作流程、优秀的关键帧技术、非线性和高级角色动画编辑工具。例如《刺客信条》《使命召唤》等，如图 1 - 3 所示。

（a）　　　　　　　　　　　　　　（b）

图 1 - 3　单机游戏《刺客信条》（a）和《使命召唤》（b）

提示：由于游戏的互动性和实时渲染的特点，在使用软件建模时，往往有对模型面数的要求。游戏公司希望通过降低模型面数来降低文件大小，文件占用量小，则能够提升游戏的流畅性和体验感。因此，在游戏开发行业，要在画面质量与流畅性中取平衡点。

项目二　Maya 2017 软件的功能

随着 1998 年三维特效软件 Maya 的正式面世，影视动画行业全面进入计算机时代。Maya 凭借其强大的功能，在影视动画行业占有主导地位，如《木乃伊》系列、《最终幻想》系列、《指环王》系列等影视特效均由 Maya 完成。Maya 为影视动画制作者提供了建模、贴图、渲染、绑定、特效、动画等功能，可以说功能相当全面。

（一）软件安装

1. 从官网教育社区下载针对学生和教师的免费安装包，如图 1-4 所示。

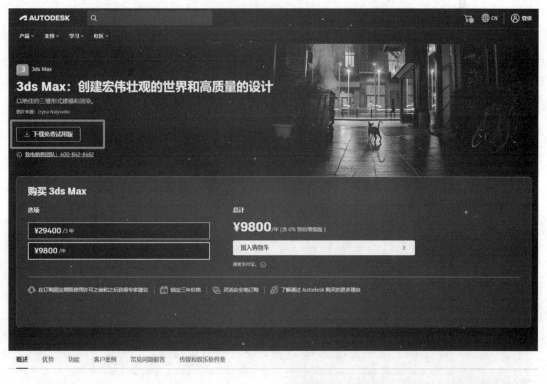

图 1-4　下载安装包

2. 自解压安装包，双击安装文件 Setup.exe，单击"安装"按钮，如图 1-5 所示。

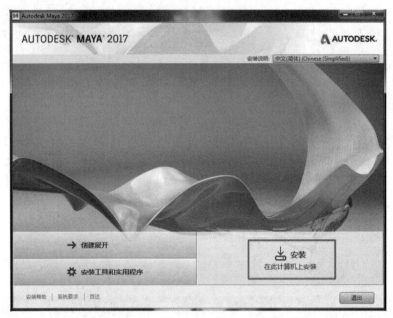

图 1-5 安装

3. 选择安装路径，如图 1-6 所示。

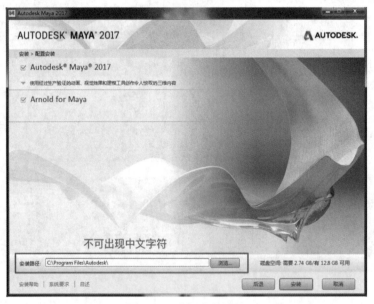

图 1-6 选择安装路径

注意：安装路径中不可含有中文字符，如果路径中出现中文字符，需手动将路径文件夹名称改为英文。

4. 单击"安装"按钮。安装时间根据计算机配置而定，配置越高，则安装速度越快，反之亦然。时间一般为 10~20 分钟，如图 1-7 所示。

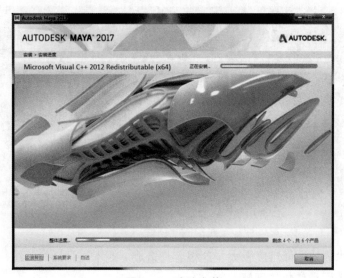

图 1 - 7　确认安装

5. 单击"完成"按钮，安装成功。桌面出现 Maya 2017 运行图标，如图 1 - 8 所示。第一次双击该图标会进入激活界面，使用序列号按照提示激活软件即可完成安装。

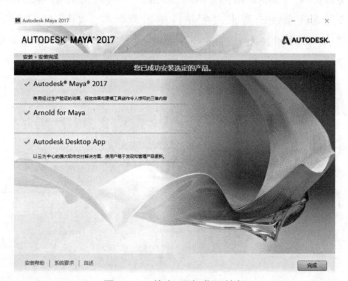

图 1 - 8　单击"完成"按钮

6. 双击图标，启动软件，如图 1 - 9 所示。

（二）中英文版本介绍

对于 Maya 这款强大的软件，中英文版本选择一直是行业内的一个问题。很多新手苦于英文水平一般，从而对英文版本望而却步，但又有很多专业设计师建议使用英文版本。建议使用 Maya 英文版本的原因主要有以下三点：

第一，作为国外软件，使用英文版本会大大提升软件运行的稳定性。

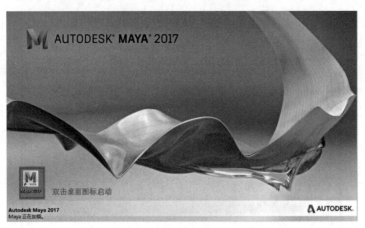

图 1 - 9　Maya 2017 启动界面

　　第二，专业术语的翻译难度较大，这很容易造成专业术语翻译的不统一和不准确，非常容易产生对专业术语和参数的理解偏差。

　　第三，由于很多优秀的、最新的软件教程来自国外，因此，使用英文版本的软件对后期的学习与提升有很大帮助。

　　可以根据需要自由地为 Maya 切换中英文语言，不同系统有不同的切换中英文的方法。MacOS 系统可以通过切换系统语言来改变软件的语言版本，如图 1 - 10 所示，单击"系统偏好设置"→"语言与地区"，将"English"拖曳到"简体中文"上方，即可切换为英文；反之，将"简体中文"拖曳到"English"上方，即可切换为中文。

图 1 - 10　MacOS 系统

　　Windows 系统的切换方法主要有两种。第一种方法：打开 Maya 2017 的安装路径 C:\Program Files\Autodesk\Maya 2017，找到"resources"文件夹，双击打开。找到"l10n"文件夹，如图 1 - 11 所示，双击打开。此时会看到有两个文件夹，如图 1 - 12 所示。将 zh_CN 文件夹名称修改为 en_US。再次打开软件，发现软件已切换为英文版本。再次切回中文版的方法类似，只需要将 en_US 文件夹名称修改为 zh_CN 即可。

图 1 – 11 找到路径

图 1 – 12 路径修改

第二种方法如下：

1. 在桌面上右击"我的电脑"，单击"属性"→"高级系统设置"，如图 1 – 13 所示。

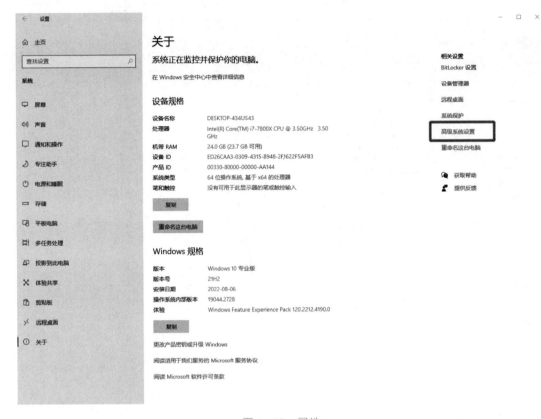

图 1 –13　属性

2. 单击"高级"→"环境变量"→系统变量下的"新建"，在弹出的对话框中输入如图 1 – 14 所示字样，单击"确定"按钮。

注意：如果需要从英文切换为中文，在对话框的变量值中输入"zh_CN"即可。另外，设置完成后需重启 Maya 软件，语言切换才可生效。

（三）Maya 2017 新增功能

如图 1 – 15 所示，Maya 2017 的操作界面主要由 11 个部分组成，分别是工作区、标题栏、菜单栏、状态行、工具架、工具盒、通道盒/层编辑器、时间滑块、范围滑块、命令行和帮助行。

相较于老版本，Maya 2017 版在界面、性能、建模、动画、渲染等方面做出了重大改进。例如，工作区相较于过去布局更为灵活，可以根据个人需要将几乎所有的窗口或版面移动或者停靠到界面中的任何位置。如果希望还原或者丢弃当前的布局，可以通过"窗口"→"工作区"→"Maya 经典"或者菜单中对应的布局选项来完成。

在 Maya 2017 中，"内容浏览器"取代了 Visor，成为供我们查找素材的一站式中心，如图 1 – 16 所示。可以在"内容浏览器"中浏览 Maya 项目、本地和网络目录以及素材文件，然后将其拖入工作区即可。

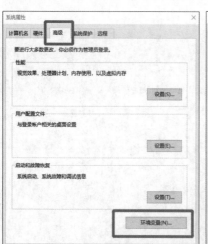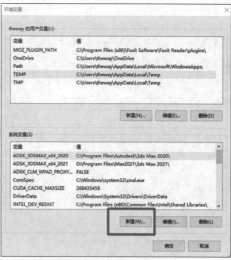

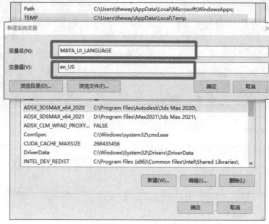

图 1 – 14 环境变量

图 1 – 15 Maya 2017 操作界面

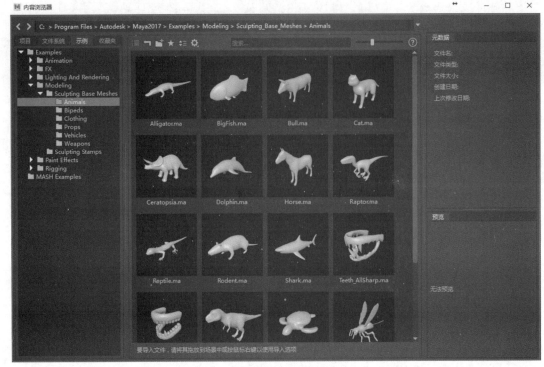

图 1 – 16　内容浏览器界面

另外，Maya 2017 针对建模的对称功能做了改进。如果在选择组件中启用"对称"，Maya 会自动选择适当的镜像组建，并且支持多切割工具、连接工具、桥接工具等。Maya 2017 还做了很多方面的改进，在这里不一一赘述，可以通过"帮助"→"新功能"→"高亮显示新功能"来打开新功能的高亮显示。

项目三　走进三维动画场景

我们常说科技改变生活，数字化技术很大程度上重新定义了影视动画的概念和制作流程。若要深入认识和了解三维动画场景，应从动画场景的本源入手。

（一）概念

从技术表现和空间维度的角度考虑，三维动画场景属于动画场景的一个类别。因此，三维动画场景的制作离不开动画场景的制作。

动画场景为影视动画角色的活动与表演提供了舞台与环境，向观众传达了时间信息，例如历史背景、时代特征、白昼或黑夜等，同时也向观众传达了空间信息，如地理环境、文化风貌、天气状况等。动画场景的根本作用是烘托角色与故事。

（二）制作流程

三维动画场景的制作主要通过如图 1 – 17 所示流程完成。

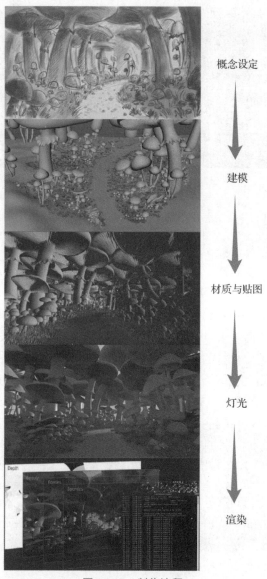

概念设定

建模

材质与贴图

灯光

渲染

图 1 -17 制作流程

　　在制作场景时，通常先着手概念设定。在这一阶段，需要根据创作意图和剧本信息设计与勾画出场景的概念效果图，为后续创作提供造型、色彩、风格明确的参考。前期制订出的设想越详细，中期和后期作品生产出来越容易。为了得到想法和灵感，需要搜集大量相关素材供参考。完成前期概念设定后，进行场景模型的制作。在 Maya 中，根据事先绘制好的样图搭建场景模型。而后，开始为模型添加材质与贴图。材质可以表现物体的质感，例如金属很强烈的反光效果，或者石膏的亚光效果。贴图可以赋予物体花纹与图样，让模型更加美观、完整。之后，开始为场景打灯光。没有灯光的场景是黑色的，通过灯光，可以赋予场景更多层次和色彩，让场景更加真实、美丽。最后，进入渲染阶段，设置参数，输出效果图，如图 1 -18 所示。

图 1 – 18　最终效果

（三）优秀案例赏析

动画场景的根本作用是烘托。一方面，场景服务于角色表演，烘托角色的情感；另一方面，场景服务于故事剧情的发展。同时，优秀的场景设计师不遗余力地希望通过场景向观众传达更为独特的文化特色。

例如，美国动画《功夫熊猫》这部电影主要讲述了又肥又迟钝的熊猫阿宝在父亲经营的面馆里工作，父亲希望阿宝继承面馆，而阿宝却一心想学武功，成为第一的功夫大师。随着一系列机缘巧合以及阿宝自身的努力，最终熊猫阿宝实现了梦想，打败了坏人。片中出现大量中国元素，例如熊猫、包子、筷子、功夫等，充满浓浓的中国东方文化气息，深受世界各国观众喜爱，如图 1 – 19 所示。

图 1 – 19　动画电影《功夫熊猫》场景

同样是美国动画电影，《疯狂动物城》却展示了完全不同的场景风格，如图 1 – 20 所示。动物城由干旱的沙漠、寒冷的冰天雪地、潮湿的热带雨林等部分组成，场景制作者通过对不同地理特征的观察和把握，通过恰到好处的色彩和渲染，惟妙惟肖地塑造了动物城的场景。整体色彩明亮、鲜艳，体现了动物城的繁华与美好。

让我们回到亚洲，说到日本动画给大家的印象大多是二维动画居多。但是，随着技术的发展和风格的需要，一些二维动画开始巧妙地利用三维技术渲染场景。例如，动画《攻壳机动队——无罪》中出现了一系列让人惊艳的场景，如图 1 – 21 所示。《攻壳机动队》系列动画讲述了一个发生在未来的故事，光电、纳米、机械、生物、网络技术迅猛发展，出现了人造人和人造器官等，人类的定义被动摇。从场景中，我们可以发现，虽然故事发生在遥远的未来，但是导演押井守却极力地在场景中融入传统文化元素，宣扬本国文化，场景装饰感极强，给人美轮美奂的感觉。

图 1 – 20　动画电影《疯狂动物城》场景

图 1 – 21　动画电影《攻壳机动队——无罪》场景

模块小结

通过本模块的学习，各位同学应对 Maya 软件的应用领域、Maya 软件的安装方法、中英文切换技巧、软件界面有了大致的了解，并且对优秀三维场景进行了赏析和分析，希望通过本模块的学习使同学们对学习 Maya 的作用有清晰的认识。接下来本书将从 Maya 软件的基本操作、场景的模型、材质、灯光、渲染等制作环节全面地介绍三维动画场景的制作。

模块二
桌子上的果盘场景制作

【知识目标】

1. 了解场景的制作流程★
2. 掌握创建和设置项目的方法★★
3. 掌握 NURBS 曲线编辑方法和技巧★★★
4. 掌握二维生成三维模型的方法和技巧★★★
5. 掌握曲面模型整理的方法和技巧★★★

【技能目标】

本模块通过静物案例制作来学习模型制作技术，重点让学生学会二维线条生成三维模型的能力。重点掌握如何使用旋转工具来制作360°对称类模型，并能够对物体模型进行微调来改变模型的形体。

【素养目标】

树立三维场景规范制作职业素养；培养精益求精的三维模型制作工匠精神；培养学生三维场景制作思维和创新能力；培养学生发现问题和解决问题的能力；培养学生沟通表达、小组合作的能力。

项目一 案例分析

场景制作流程

静物场景是一种较为简单和综合的场景案例。在制作静物场景时，一般会把静物场景进行分类。首先制作较为复杂的苹果模型，除了苹果自身的模型制作以外，还要制作出几个大形相似，但是细节不同的模型。其次是花瓶和盘子这样的静物，最后是桌面制作和整体的调整。本项目的制作过程中，主要锻炼学生对于二维线条通过旋转生成三维模型的能力，以及对于多物体场景的综合制作能力，如图2-1和图2-2所示。

提示：Maya软件与其他三维软件相比，其优势在于刻画精致的、真实的、华丽的画面，但是这种高水平、高精度的画面会相对占用较多的存储空间，对计算机也会有更高的要求，其渲染速度也相对较长，在渲染影视级别的影片时，往往会动用上百台高配置计算机同时渲染，以提升渲染速度。因此，同学们选购计算机应挑选配置较高的机器。

图 2-1 静物效果图

图 2-2 静物模型图

项目二 案例制作

任务一 苹果模型制作

技能目标

本任务通过案例来学习如何制作苹果模型，重点让学生掌握利用曲线生成曲面的方法，并能够举一反三，具备制作其他水果模型的能力。

任务描述

本案例主要任务是制作场景中的苹果模型，并能够通过建模工具对苹果模型进行调整，让苹果外观看起来自然协调，像现实中的苹果外观，如图 2 - 3 所示。

图 2 - 3　苹果效果图

制作思路

首先利用曲线创建苹果的横截面，然后通过旋转工具生成苹果的主体模型，再制作一个圆柱体，利用移动工具修改调整为苹果叶柄的部分，最后通过编辑控制点工具对苹果模型进行整体调节，完成苹果模型的制作。

案例制作

1. 运行 Autodesk Maya 2017，打开菜单 "创建（Create）" → "曲线工具（Curve Tool）" → "CV 曲线工具（CV Curve Tool）"，如图 2 - 4 所示。

图 2 - 4　CV 曲线工具

2. 在侧视图中单击鼠标绘制出苹果的横截面，CV 曲线如图 2 - 5 所示。

3. 单击并选择已绘制好的曲线，执行菜单 "曲面（Surfaces）" → "旋转（Revolve）" 命令，曲线会自动生成一个苹果的基本模型，如图 2 - 6 所示。

图 2-5　苹果的横截面

图 2-6　旋转命令

4. 当生成的苹果模型是黑色的时候，需要单击视图"照明"→"双面照明"，此时苹果模型就会正常显示灰色，如图 2-7 所示。

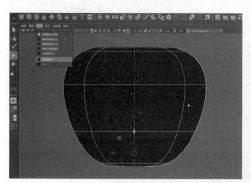

图 2-7　双面照明

5. 在苹果模型上单击鼠标右键，选择"控制顶点（Control Vertex）"菜单，苹果模型就会出现可编辑的顶点，如图 2-8 所示。

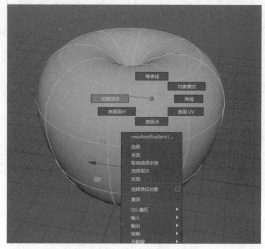

图 2-8　选择控制顶点

6. 选择如图 2 – 9 所示的任意一点，并用移动工具向上拉，通过调整顶点的位置，制作出真实苹果凹凸的表面。

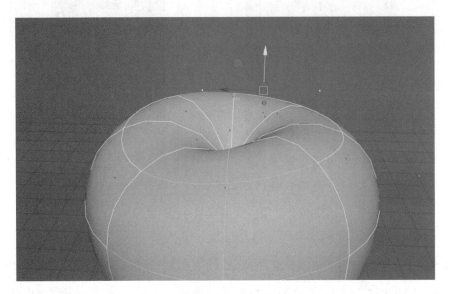

图 2 – 9　调整顶点

7. 选择苹果模型，执行"编辑（Edit）"→"按类型删除（Delete by Type）"→"历史（History）"命令，删除模型的历史操作记录，避免误操作导致前面的模型外观出现意外错误，如图 2 – 10 所示。

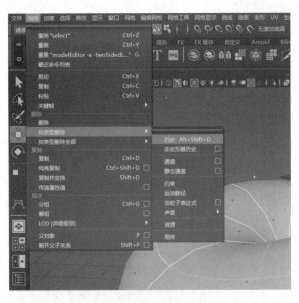

图 2 – 10　删除历史记录

8. 执行菜单"创建（Create）"→"曲线工具（Curve Tool）"→"CV 曲线工具（CV Curve Tool）"，继续绘制果柄的曲线（与苹果模型制作类似），如图 2 – 11 所示。

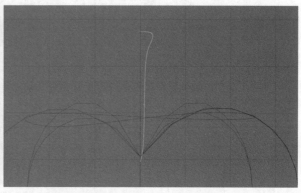

图 2 – 11 绘制果柄曲线

9. 选择果柄曲线，执行"曲面（Surfaces）"→"旋转（Revolve）"命令生成果柄模型，并使用移动工具 ，调整果柄的大小及位置，如图 2 – 12 所示。

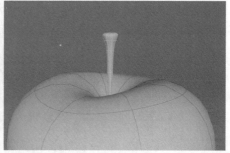

图 2 – 12 旋转生成果柄模型

10. 接下来要把果柄调整成弯曲的样子。切换到"动画（Animation）"模块菜单，如图 2 – 13 所示。

11. 选择果柄模型，执行"变形（Deformers）"→"非线性（Non-line）"→"弯曲（Bend）"命令，此时果柄模型没有变化，但是已经具备了弯曲功能，如图 2 – 14 所示。

12. 单击果柄模型，打开通道栏，在"输入（Inputs）"中将"曲率（Curvature）"值设置为 37.815，得到弯曲的果柄效果，如图 2 – 15 所示。

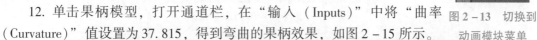

图 2 – 13 切换到动画模块菜单

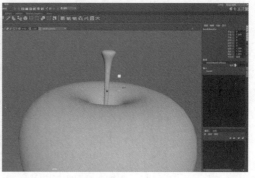

图 2 – 14 执行弯曲命令

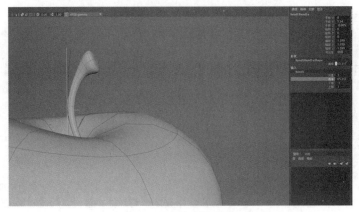

图 2 - 15　修改曲率值

13. 选择果柄模型，执行"编辑（Edit）"→"按类型删除（Delete by Type）"→"历史（History）"，删除果柄模型的历史记录，如图 2 - 16 所示。

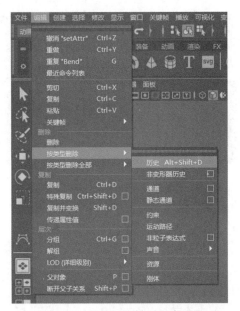

图 2 - 16　删除果柄模型历史记录

14. 最终完成效果如图 2 - 17 所示。

图 2 - 17　完成效果图

任务二 瓷瓶模型制作

技能目标

本任务通过案例来学习如何制作瓷瓶模型，重点让学生掌握利用曲线生成曲面的方法，并能够举一反三，具备制作其他模型的能力。

任务描述

本案例主要任务是制作场景中的瓷瓶模型，并能够通过建模工具对瓷瓶模型进行调整，让瓷瓶外观看起来自然协调，像现实中的瓷瓶外观，如图 2 - 18 所示。

制作思路

首先利用曲线创建瓷瓶的横截面，然后通过旋转工具生成瓷瓶的主体模型，最后通过编辑控制点工具对瓷瓶模型进行整体调节，完成瓷瓶模型的制作。

图 2 - 18　瓷瓶效果图

案例制作

1. 运行 Autodesk Maya 2017，打开菜单"创建（Create）"→"曲线工具（Curve Tool）"→"CV 曲线工具（CV Curve Tool）"，如图 2 - 19 所示。

图 2 - 19　CV 曲线工具

2. 在侧视图中单击鼠标绘制出苹果的横截面，CV 曲线如图 2 - 20 所示。

3. 单击并选择已绘制好的曲线，执行菜单"曲面（Surfaces）"→"旋转（Revolve）"命令，曲线会自动生成一个瓷瓶的基本模型，如图 2 - 21 所示。

4. 旋转之后的瓷瓶如图 2 - 22 所示。

5. 在瓷瓶模型上单击鼠标右键，选择"控制顶点（Control Vertex）"菜单，瓷瓶模型就会出现可编辑的顶点，如图 2 - 23 所示。

图 2-20　瓷瓶的横截面

图 2-21　旋转命令

图 2-22　完成的瓷瓶效果

图 2-23　选择控制顶点

6. 选择如图 2-24 所示的任意一点，并用移动工具向上拉，通过调整顶点的位置制作出瓷瓶自然的特点。

7. 最终完成效果如图 2-25 所示。

图 2 - 24　调整顶点

图 2 - 25　完成效果图

任务三　盘子模型制作

技能目标

本任务通过案例来学习如何制作盘子模型，重点让学生掌握利用曲线生成曲面的方法，并能够举一反三，具备制作其他模型的能力。

任务描述

本案例主要任务是制作场景中的盘子模型，并能够通过建模工具对盘子模型进行调整，让盘子外观看起来自然协调，像现实中的盘子外观，如图 2 - 26 所示。

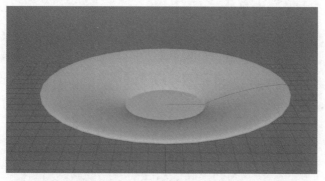

图 2 - 26　盘子效果图

制作思路

首先利用曲线创建盘子的横截面，然后通过旋转工具生成盘子的主体模型，最后通过编辑控制点工具对盘子模型进行整体调节，完成盘子模型的制作。

案例制作

1. 运行 Autodesk Maya 2017，打开菜单"创建（Create）"→"曲线工具（Curve Tool）"→

"CV 曲线工具（CV Curve Tool）"，如图 2 - 27 所示。

图 2 - 27　CV 曲线工具

2. 在侧视图中单击鼠标绘制出盘子的横截面，CV 曲线如图 2 - 28 所示。

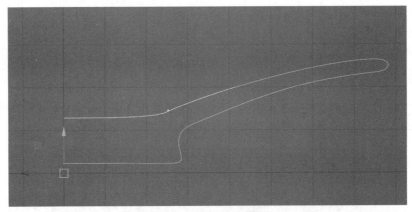

图 2 - 28　瓷瓶的横截面

3. 选择如图 2 - 29 所示的任意一点，并用移动工具向上拉，通过调整顶点的位置，制作出真实盘子的外形。

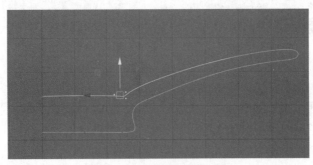

图 2 - 29　调整定点的位置

4. 单击并选择已绘制好的曲线，执行菜单"曲面（Surfaces）"→"旋转（Revolve）"命令，曲线会自动生成一个盘子的基本模型，如图2－30所示。

5. 旋转之后的盘子如图2－31所示。

图2－30　旋转命令

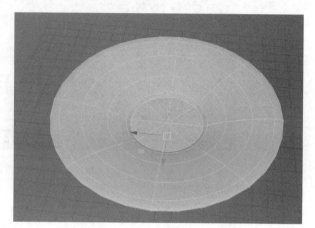

图2－31　添加旋转命令效果

6. 最终完成效果如图2－32所示。

图2－32　完成效果图

任务四　整体调整

技能目标

本任务将对以上几个案例模型进行整体的摆放，重点学习对模型比例的掌握。

任务描述

把制作好的所有模型导入一个场景中，并根据物体之间的比例关系进行形体大小和位置的调整，完成场景制作，如图2－33所示。

制作思路

首先导入所有的模型，并制作出一个长方体作为桌面。其次放置好瓷瓶，并调整好大小。最后导入苹果和盘子模型，并根据瓷瓶的形体调整苹果和盘子的大小及位置，完成瓷瓶模型的制作。

图 2 – 33　模型效果完成图

案例制作

1. 将几个模型导入，单击"文件"→"导入"，然后选择需要导入的模型文件，如图 2 – 34 所示，并摆放好位置，如图 2 – 35 所示。

图 2 – 34　导入

图 2 – 35　导入完成

2. 复制苹果并调整位置和大小，如图 2 – 36 所示。

图 2 – 36　调整

3. 整体调整苹果和盘子，如图 2 – 37 所示。

图 2 – 37　整体调整

4. 调整好之后的效果如图 2 – 38 所示。

图 2 – 38　调整完成

模块小结

本模块主要学习了如何使用 CV 曲线进行模型制作，首先需要用 CV 曲线绘制将要制作的模型的横截面，然后通过旋转工具生成主体模型，最后通过编辑控制点进行整体调整。该方法需要对模型有很好的理解与绘画能力。

拓展练习

制作如图 2 – 39 和图 2 – 40 所示模型。

图 2 – 39　静物练习 1　　　　　　　　图 2 – 40　静物练习 2

模块三

公交站台场景制作

【知识目标】

1. 了解场景的制作流程★
2. 掌握创建和设置项目的方法★★
3. 掌握挤压的方法和技巧★★★★
4. 掌握模型结合和缝合的方法与技巧★★★★
5. 掌握倒角的方法和技巧★★★★

【技能目标】

本模块通过制作公交站台场景来学习多元素综合场景的制作方法。重点让学生学会综合场景的制作流程、多元素场景的整体规划到细节完善的制作思路。能够具备使用多边形制作不同形态模型的能力，掌握常用的多边形制作工具应用方法。

【素养目标】

树立三维场景规范制作职业素养；培养精益求精的三维模型制作工匠精神；培养学生三维场景制作思维和创新能力；培养学生发现问题和解决问题的能力；培养学生沟通表达、小组合作的能力。

项目一 案例分析

场景制作流程

当遇到较为复杂的造型结构时，需要将模型的形体进行归纳和分组。可以按下、中、上的顺序将车站分为底座、支柱和广告牌、顶棚三个结构。样图带有一定的透视和角度，因此，在建模时，不能完全按照样图制作，要通过观察，在前视图、侧视图和透视图中不断调整车站的结构比例，以求模型的形体准确，如图 3-1 和图 3-2 所示。

提示：在制作公交站台之类日常生活中常见的模型时，除了认真观察图片资料以外，还要尽可能从网络或者生活中寻找类似模型，并尽可能实地观察，现场感受其尺寸、细节和周围环境，以便提升对于模型本身的理解，制作出更加符合要求的高标准的模型。

图 3 - 1　公交站台效果图

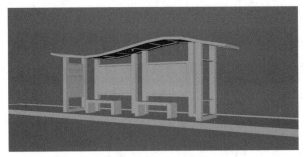

图 3 - 2　公交站台模型图

项目二　案例制作

任务一　地面制作

技能目标

通过案例来学习如何创建项目和制作地面模型，重点让学生掌握如何利用挤压命令来制作地面模型，并能够具备举一反三的能力。

任务描述

本案例的主要任务是创建工程文件，并制作场景中的地面模型，学会挤出面和倒角边工具的用法，如图 3 - 3 所示。

制作思路

首先新建项目，按照行业标准创建场景文件，然后导入素材图片，新建一个立方体，并通过挤出面和倒角边工具制作出公交站台的地面模型。

案例制作

1. 新建项目：运行 Autodesk Maya 2017，打开菜单"文件"→"项目窗口"→"新建"，在"当前项目"名称中输入"chezhan"，如图 3 - 4 所示。

图 3 – 3 地面模型制作效果

图 3 – 4 项目窗口

2. 指定项目：打开菜单"文件"→"设置窗口"，在弹出的"设置项目"对话框中单击"chezhan"项目名称，单击"设置"按钮，如图 3 – 5 所示。

3. 将素材图片导入项目文件：在计算机中找到素材图片 2 – 1（1），按 Ctrl + C 组合键复制，打开计算机 D:/maya/chezhan/sourceimages 文件夹，按 Ctrl + V 组合键将图片粘贴至该文件夹，如图 3 – 6 所示。

4. 导入素材图片：进入软件，按空格键进入"四视图"，在"前视图"窗口单击"图像平面"按钮，选择要导入的素材图片，单击"打开"按钮，如图 3 – 7 所示。

5. 调整图片素材大小和位置：按 R 键适当放大图片，单击 W 键将车站移动到水平线以上，并且沿 Z 轴向后移动，如图 3 – 8 所示。建模前期准备工作完成。

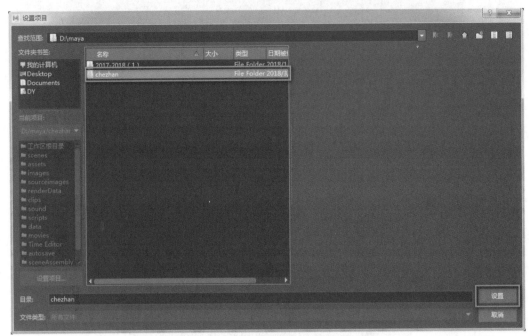

图 3 – 5　项目设置窗口

图 3 – 6　素材图片放置位置

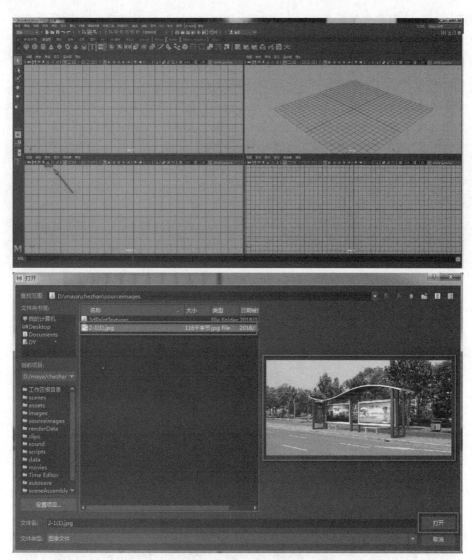

图 3-7 导入图片素材

图 3-8 模型创建准备工作

　　提示：心细的同学可能会发现，如果不执行步骤 1、2、3 新建项目、设置项目，也可以导入图片素材。但是，如果后期需要在另外一台电脑上制作，或者需要将工程文件传给同伴继续制作，会发现图片素材可能消失。为了避免这种情况，我们将图片素材存储在项目文件夹中，以便制作。

　　6. 制作车站底座：按住 Shift + 鼠标右键，打开 Maya 快捷菜单，新建立方体，按 R 键，将立方体缩放至车站底座形态，并放置在水平线以上，如图 3 – 9 所示。

图 3 – 9　创建车站底座

　　7. 单击底座，长按鼠标右键，选择"面"级别，选择向上的面，然后按住 Shift + 鼠标右键，选择"挤出面"，单击"缩放"按钮进行缩放。按 G 键，重复上一步操作，再次选择"挤出面"，单击"移动"按钮，微微向下推，右击，选择"对象模式"，退出当前操作，如图 3 – 10 所示。

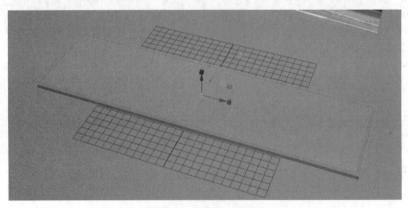

图 3 – 10　挤压车站底座

图 3 - 10　挤压车站底座（续）

8. 单击底座，按住鼠标右键，选择"边"级别，框选底座所有边，按住 Shift + 鼠标右键，选择"倒角边"命令，单击"缩放"按钮，缩放，按 G 键。重复上一步操作，再次选择"挤出面"，单击"移动"按钮，微微向下推，按鼠标右键，单击"对象模式"，退出当前操作，如图 3 - 11 所示。公交车站底座完成。

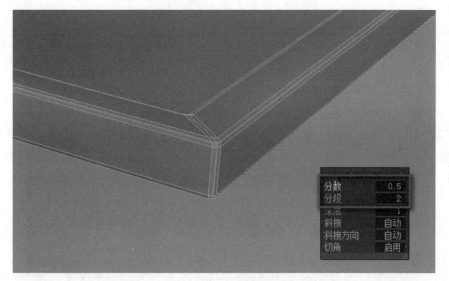

分数	0.5
分段	2
深度	1
斜接	自动
斜接方向	自动
切角	启用

图 3 - 11　边缘倒角

提示：由于大家制作的模型比例大小各不相同，因此，图 3 - 11 所示的倒角参数在不同比例大小的模型上会有不同的效果。同学们要能够在模型比例不同的情况下，根据所需要的倒角效果适当调整参数，做到灵活多变。

任务二　站牌制作

技能目标

本案例通过制作站牌，重点让学生掌握复杂结构物体的制作方法，并能够熟悉和理解站牌模型的制作流程。

任务描述

本案例的主要任务是制作公交站台场景中的站牌模型，让模型整体看起来结构准确合理，倒角使用得当，如图 3 – 12 所示。

图 3 – 12　站台中间的站牌模型

制作思路

首先制作立柱模型，然后根据参考图上的站牌结构进行拓展模型，主要使用基础工具、插入环形边工具和倒角工具等，完成站牌模型的制作。

案例制作

1. 制作立柱：按住 Shift + 鼠标右键，打开 Maya 快捷菜单，新建立方体，按 R 键，将立方体缩放至立柱形态，并按照参考图片放置在合适位置，如图 3 – 13 所示。

图 3 – 13　创建立柱

为了方便挤压，在立柱底部适当位置插入环形边：选中立柱，按住 Shift + 鼠标右键，打开"边"级别，选择"插入环形边工具"，在立柱边缘上插入环形边，进入"面"级别，选择如图 3 – 14 所示的面向后挤压，效果如图 3 – 14 所示。

图 3 – 14　立柱结构的挤压与拓展（1）

2. 以下步骤同理，再次插入环形边，选择朝向上方和朝向左侧的面，挤压，效果如图 3 – 15 所示。

图 3 – 15　立柱结构的挤压与拓展（2）

3. 为立柱倒角：进入"边"级别，选中所有边，按住 Shift + 鼠标右键，倒角，调整倒角参数，如图 3 – 16 所示。

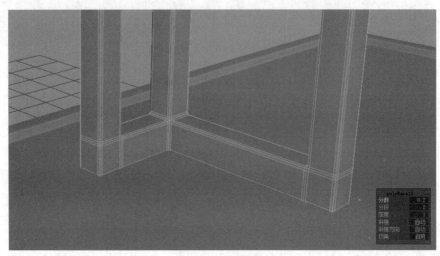

图 3 – 16 立柱边缘的倒角

4. 为立柱添加横梁：创建立方体，调整立方体大小，按 Ctrl + D 组合键复制，按 W 键移动至如图 3 – 17 所示位置，框选立柱结构，按 Ctrl + G 组合键打组。

图 3 – 17 制作立柱横向结构

提示：为了方便统一编辑，往往会把一些零碎的结构编成一个组，方便统一地编辑。打组的方法非常简单：首先选中需要打组的模型，然后按键盘上的 Ctrl + G 组合键打组。当单击该组时，会发现物体仍然是独立选择的，可以按键盘上的方向键↑，这时发现可以选择整个组了。

5. 将立柱水平翻转：保持组被选择状态，按 Ctrl + D 组合键复制整个立柱，打开"通道盒/层编辑器"→"缩放 X"，输入"−1"，即可看到立柱被水平翻转，如图 3−18 所示。

图 3−18　对称复制立柱

6. 制作中间立柱：新建立方体，调整立方体大小，选中所有边，倒角，按 Ctrl + D 组合键复制，按 W 键移动至如图 3−19 所示位置。

图 3−19　站台中间立柱

任务三　广告墙制作

技能目标

本案例主要是通过制作广告墙模型，让学生掌握公交站台中广告墙的造型结构制作方法。

任务描述

本案例主要任务是制作广告墙模型，并能够掌握广告墙体的形体结构，让模型整体看起来真实合理，如图 3−20 所示。

图 3-20　广告墙模型效果

制作思路

首先创建立方体，制作侧面的广告板，然后制作正面的广告牌，并使用挤出面和倒角命令完成模型的制作。

案例制作

1. 侧面广告牌的制作：复制如图 3-21 所示结构，创建立方体，制作广告板。

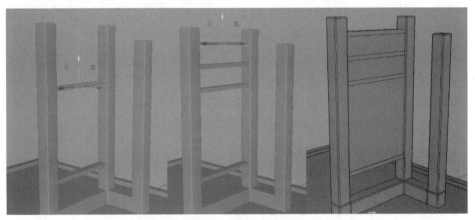

图 3-21　创建广告板

2. 正面广告牌的制作：创建立方体，利用缩放 R 键和移动 W 键调整立方体，并放置在如图 3-22 所示位置，选择广告牌正面，挤压广告牌框：挤压第一次，缩放，挤压出广告牌框的宽度；再次挤压，向内推，并且缩小，挤压出广告牌的深度和坡度，如图 3-22 所示。

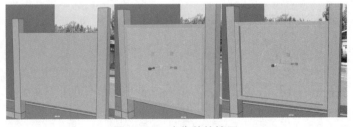

图 3-22　广告牌的挤压

3. 为广告牌添加细节：进入"边"级别，框选广告牌所有线，倒角，如图3-23所示。

图3-23　广告牌边缘倒角

4. 复制广告牌：选中广告牌，按 Ctrl + D 组合键复制，移动至右边位置，广告牌制作完成，如图3-24所示。

图3-24　广告牌完成

提示：为了提升制作效率，一般相同的结构通过复制得到，不用重新制作。重新制作一个相同的结构会带来两个问题：第一，无法保证模型的细节结构制作得一模一样；第二，费事、费力。因此，制作好一个广告牌后，另一个直接复制会大大提升工作效率。

任务四　长椅制作

技能目标

本案例学习如何制作公交站台的长椅模型，重点让学生掌握利用基础立方体制作长椅模型的方法。

任务描述

本案例的主要任务是制作长椅模型，能够通过合理运用倒角边工具制作长椅的不同元素模型，并使模型结构合理，外型美观，如图 3 – 25 所示。

图 3 – 25　长椅模型完成效果

制作思路

首先导入制作完成的模型，在地面合理位置处制作立方体，并通过倒角边工具进行长椅两侧模型的调整，最后制作座椅的木条结构，完成长椅的模型制作。

案例制作

1. 制作如图 3 – 26 所示结构：创建立方体，利用 R 键缩放至合适大小，选择边，倒角，参数设置如图 3 – 27 所示。

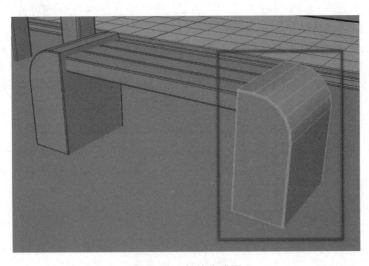

图 3 – 26　长椅完成图

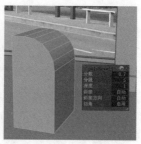

图 3-27 座椅底座倒角

2. 为座椅结构添加边缘倒角圆滑：选中如图 3-28 所示边，倒角，参数如图 3-29 所示。

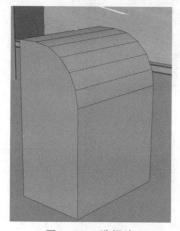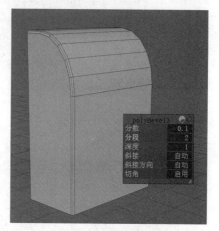

图 3-28 选择边

图 3-29 倒角边

提示：当要选择的边较多时，如果一一选择会很慢。此时可以换个思路，利用加选和减选的方式，快速选择所需要编辑的点、线或者面。按住 Shift 键并配合鼠标左键单击或者框选为加选，按住 Shift 键并配合鼠标左键框选当前已选择的物体区域为反选，按住 Ctrl + 鼠标左键或鼠标左键框选为减选。因此，在这个案例中，我们先全选所有的线，再减选中间部分的线，就可以快速选择需要的边了。

3. 水平翻转复制座椅结构：选中刚才倒角的模型，按 Ctrl + D 组合键复制模型，打开"通道盒"，将"缩放 X：0.794"修改为"-0.794"，此时模型翻转，如图 3-30 所示，单击 W 键移动至适当位置，座椅支撑结构完成。

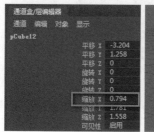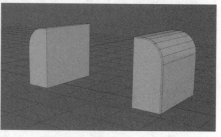

图 3-30 对称复制长椅底座

提示：如发现输入"-"不成功，则检查输入法是否为英文输入法。如果是中文输入法，则不支持"－"的输入。

4. 制作座椅木板结构：创建立方体，利用缩放 R 键和移动 W 键将立方体制作为如图
3－31 所示的长条形态，进入边级别，全选边，倒角，如图3－32 所示，选中长条结构模
型，按 Ctrl＋D 组合键复制两个，排放在如图3－33 所示的位置。

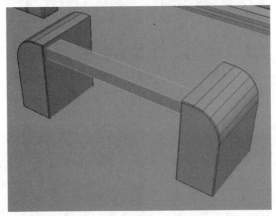

图 3－31　创建立方体

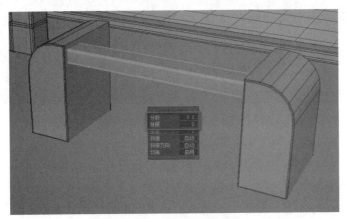

图 3－32　给长条边缘倒角

图 3－33　座椅长条排放

5. 整理椅子组件结构：选中椅子所有的结构组件，按 Ctrl + G 组合键打组，保持组的选择状态，单击"修改"→"居中枢轴"命令，如图 3 - 34 所示，此时组的控制轴自动放置在椅子的正中心位置，方便后续编辑和制作。按 Ctrl + D 组合键复制整个椅子，放置在车站的右侧，长椅完成，如图 3 - 35 所示。

图 3 - 34　居中枢轴命令

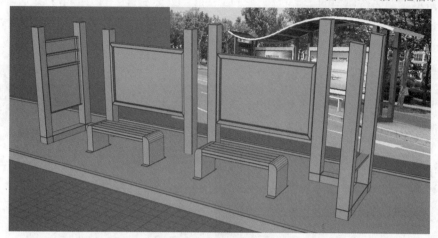

图 3 - 35　长椅完成图

任务五　整体调整

技能目标

本案例学习如何制作顶棚结构，并对整体模型进行调整。重点让学生掌握镂空结构的制作方法。

任务描述

本案例的主要任务是制作车站的顶棚结构，并对模型进行整体调节，站台场景模型整体布局准确，结构合理，细节符合要求，如图 3 - 36 所示。

图 3 - 36　站台调整完成效果

制作思路

首先制作顶棚结构，创意立方体，并加入适当的环形线，然后调节顶棚的形体结构，添加顶棚的遮挡板，完成顶棚模型。最后对整体场景模型的比例和位置进行整体调整。

案例制作

1. 制作车站顶棚：创建立方体，利用缩放 R 键和移动 W 键将立方体制作成如图 3 – 37 所示的长条形态，保持模型的选择状态，按住 Shift + 鼠标右键，打开 Maya 快捷菜单，单击"插入循环边工具"选项，参数设置如图 3 – 38 所示。在模型边上单击，插入 10 段环形边，如图 3 – 39 所示。

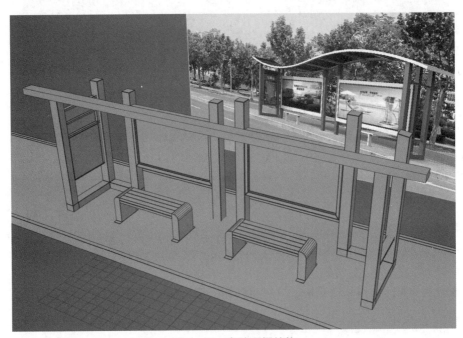

图 3 – 37   车站顶棚结构

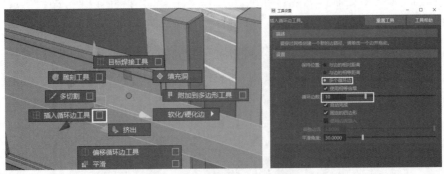

图 3 – 38   插入循环边参数设置

2. 调整顶棚弧线形形态：将视图切换至前视图，进入"点"级别，调整点，将顶棚模型调整至如图 3 – 40 所示，插入结构线，复制顶棚模型，如图 3 – 41 所示。

图 3-39　插入 10 段环形边

图 3-40　调整顶棚结构形态

图 3-41　复制顶棚结构

3. 链接两个模型：按住 Shift 键加选如图 3-42 所示的面，删除，选中如图 3-43 所示的面，挤压，删除顶面，效果如图 3-44 所示。选中两个模型，按住 Shift + 鼠标右键，单击

"结合"命令，这两个模型合二为一，将视图切换到侧视图，框选未连接的点，指 R 键向内缩放，使未缝合的点无限接近，按 Shift + 鼠标右键，选择快捷菜单中"合并顶点"命令下的"合并顶点"选项，如图 3 - 45 所示。"阈值"设置为 0.01 较为合适，单击"确定"按钮缝合顶点，最终效果如图 3 - 46 所示。

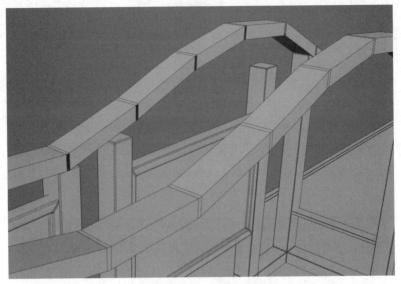

图 3 - 42 删除面

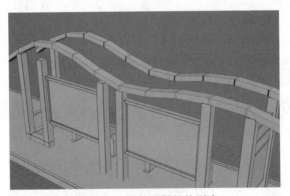

图 3 - 43 调整顶棚结构形态

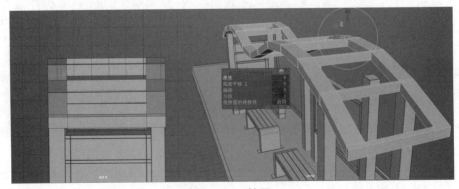

图 3 - 44 挤压

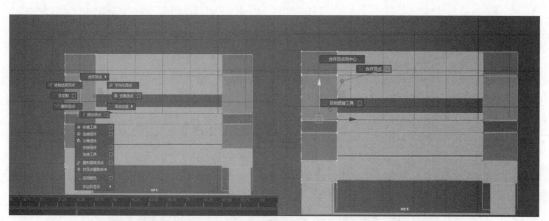

图 3 – 45　缝合顶点

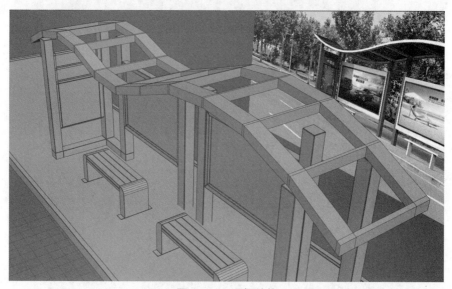

图 3 – 46　顶棚结构

提示：如希望将两个模型缝合，首先要将两个模型"结合"为一个模型，然后再选择相应的点进行缝合，才可完全合并一个模型。"合并顶点"的"阈值"参数不宜设置得太大，过大会将不必要的点进行合并；也不宜太小，过小会因为两点间距过大而合并失败。

4. 为模型倒角：进入"边"级别，选中所有的边，按住 Shift + 鼠标右键打开 Maya 快捷菜单，单击"倒角"，调整参数如图 3 – 47 所示。

5. 制作顶棚遮挡板：创建立方体，利用缩放 R 键和移动 W 键将立方体制作为如图 3 – 48 所示的形态，放置在顶棚模型中。按 Ctrl + D 组合键复制该结构，将每个顶棚盖上，如图 3 – 49 所示。

6. 调整立柱高度：观察图 3 – 50，由于顶棚呈曲线形，所以立柱要求长短配合顶棚的曲线变化，因此需要对立柱的长度进行二次调整，以配合顶棚高度。进入前视图，选择立柱，进入"点"级别，通过 W 键调整立柱高度，调整后效果如图 3 – 51 所示。

图 3 - 47　倒角

图 3 - 48　制作顶棚遮挡板

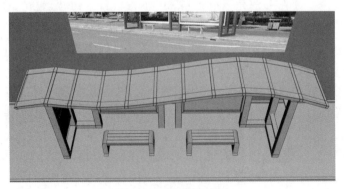

图 3 - 49　顶棚完成图

图 3 – 50　车站模型

图 3 – 51　立柱调整后效果

7. 整体调整：模型完成后，需要将模型缩小，整体观察模型的形态，例如座椅的大小、位置是否合适，站台底座的长宽是否合适等。整体调整后，模型完成，如图 3 – 52 所示。

图 3 – 52　公交站台完成图

模块小结

通过本章的学习，同学们就会发现，在制作场景模型的时候，使用"总 – 分 – 总"的方法，可以让制作思路更清晰，制作效率更高。首先，整体把握场景，进行大的模块搭建。然后，对场景模型细节进行细化处理。最后，再次从整体的角度把握场景的整体形态。本模块学习了"挤压"的方法和技巧、"倒角"的方法和技巧，以及合并模型缝合点的方法和技巧，这些知识为接下来进行古建筑场景制作打下了基础。

拓展练习

如图 3 – 53 所示。

图 3 – 53   拓展练习图

模块四

古建筑场景制作

【知识目标】

1. 了解场景的制作流程★
2. 掌握创建和设置项目的方法★★
3. 掌握多边形建模的常用工具★★★★
4. 掌握模型布线拓展的方法和技巧★★★★
5. 掌握复杂模型排列整理的方法和技巧★★★★

【技能目标】

本模块通过制作古建筑案例来学习复杂模型的制作方法。重点通过复杂的形体结构来提升学生对于场景模型制作的理解和构思的能力，具备运用多边形制作技术制作复杂场景的能力。

【素养目标】

树立三维场景规范制作职业素养；培养精益求精的三维模型制作工匠精神；培养学生三维场景制作思维和创新能力；培养学生发现问题和解决问题的能力；培养学生沟通表达、小组合作的能力。

项目一 案例分析

场景制作流程

在制作较为复杂的古建筑场景时，需要先进行构思整体的制作步骤，将模型分成几个模块来进行制作。首先制作房子的主体结构，其次制作模型中的瓦片，接着制作门柱，最后进行细节制作和整体调整。在本项目的制作中，主要用到倒角、特殊复制、挤出、插入循环边等命令，如图4-1和图4-2所示。

图 4 - 1 古建筑场景效果图

图 4 - 2 古建筑场景模型

项目二 案例制作

任务一 房子主体结构制作

技能目标

本案例学习如何制作古建筑的主体结构模型，重点让学生理解古建筑模型的制作流程和多边形建模的应用技法。

任务描述

本案例的主要任务是制作古建筑的主体模型，并能够规范创建项目工程文件。结合参考资料，准确把握古建筑主体模型的结构和比例，如图 4 - 3 所示。

图 4 - 3 房子主体结构模型

制作思路

首先创建项目场景，创建立方体，通过多次挤出面工具制作古建筑的主体部分，最后通过复制工具完成梁的模型制作。

案例制作

1. 新建项目：运行 Autodesk Maya 2017，打开菜单"文件"→"项目窗口"，单击"新建"，在"当前项目"名称中输入"gujianzhu"，如图 4 – 4 所示。

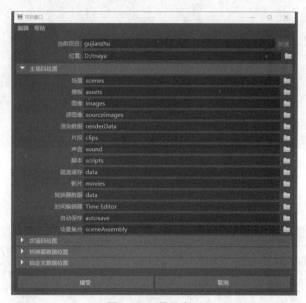

图 4 – 4　项目窗口

2. 指定项目：打开菜单"文件"→"设置项目"，弹出"设置项目"对话框，单击"gujianzhu"项目名称，单击"设置"按钮，如图 4 – 5 所示。

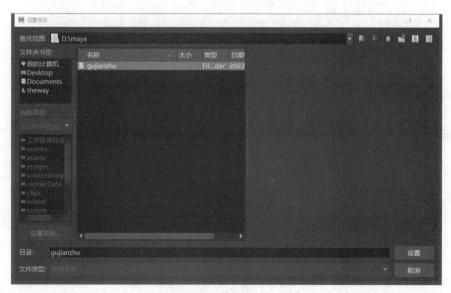

图 4 – 5　"设置项目"窗口

3. 整体比例结构制作：按住 Shift + 鼠标右键，打开 Maya 快捷菜单，新建立方体，使用 R 键进行缩放模型的大小，使用 W 键进行移动调整好模型的位置。然后，选择模型，长按右键选择"面"级别，选中上面的面，按住 Shift + 鼠标右键，选择"挤出面"命令，再按 R 键对挤出后的面进行缩放操作，如图 4 - 6 所示。

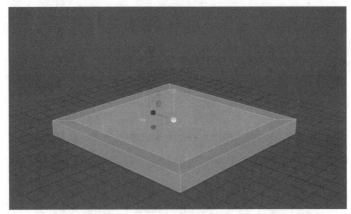

图 4 - 6 缩放

4. 接着按 G 键，重复上一步操作，再次选择"挤出面"，按 W 键移动按钮，向上推，如图 4 - 7 所示。

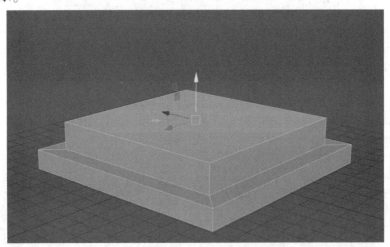

图 4 - 7 挤出面

5. 按 G 键，重复上一步操作，再次选择"挤出面"，单击"缩放"按钮，如图 4 - 8 所示。

6. 重复以上操作，制作出整体比例结构，如图 4 - 9 所示。

7. 新建一个 box，选择"移动"，将 box 移动到模型上方。进入"面"级别，选择对应的两个面，接着选择"挤出面"，单击"移动"按钮，向外挤出，单击"缩放"按钮进行微小缩放，按住鼠标右键，选择"对象模式"，退出当前操作，如图 4 - 10 所示。

8. 将模型进行"移动"→"缩放"，将模型放置于如图 4 - 11 所示位置。

9. 选择模型，按 Ctrl + D 组合键复制一个模型，选择"移动"，将模型向右移动到一定位置，接着按 Shift + D 组合键进行复制，如图 4 - 12 所示。

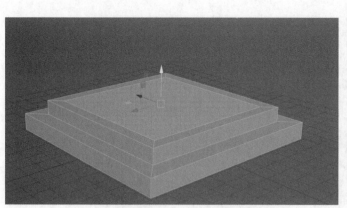

图 4 - 8　挤出缩放

图 4 - 9　重复操作

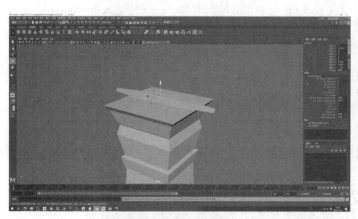

图 4 - 10　制作形体

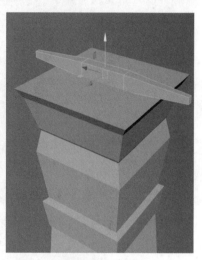

图 4 - 11　调整

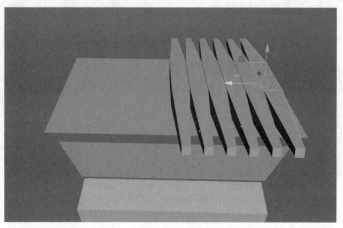

图 4 - 12　复制

10. 框选所有复制出来的模型，按 Shift + 右键，选择"结合"，此时坐标轴已经变动到世界轴的中心，如图 4 – 13 所示。

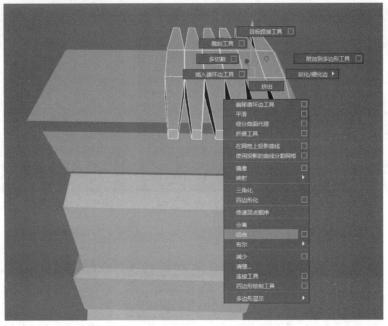

图 4 – 13　结合

11. 选择结合好的模型，按 Ctrl + D 组合键复制，把右侧属性栏中的缩放 Z 值改为 – 1，这样模型就沿着 Z 轴复制到另一边，如图 4 – 14 所示。

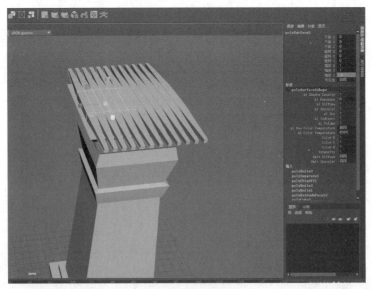

图 4 – 14　镜像 Z 轴

12. 选择右侧模型，按 Shift + 右键，选择"分离"。选中中间一个模型，按 Delete 键，因为刚才在复制过程中多复制出来一个，所以要将其删掉，如图 4 – 15 所示。

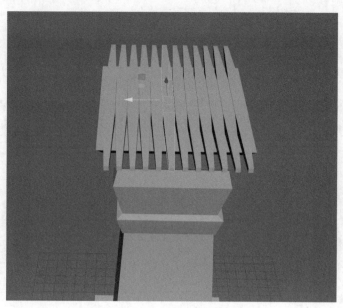

图 4 – 15 删除重复模型

13. 选择所有复制出来的模型，按 Shift + 右键，选择"结合"，然后单击"修改"→"居中枢轴"，如图 4 – 16 所示。对结合好的模型进行位置、大小的调整，如图 4 – 17 所示。

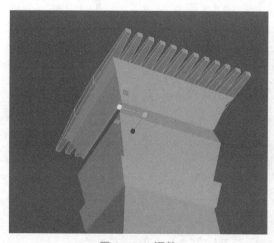

图 4 – 16 调整

图 4 – 17 居中枢轴

14. 选择模型，按 Shift + D 组合键进行复制，选择"旋转"，将右侧属性中的旋转 Y 数值改为 90，房子主体结构制作完成，如图 4 – 18 所示。

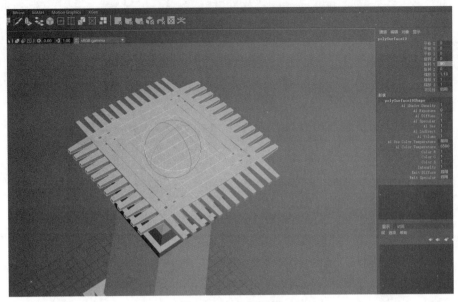

图 4 - 18　复制调整

任务二　房顶瓦片制作

技能目标

本案例学习如何制作古建筑的房顶瓦片模型，重点让学生掌握房顶瓦片的制作思路和制作方法。

任务描述

本案例的主要任务是制作古建筑房顶的瓦片模型，使瓦片模型结构准确，比例合理，跟模型主体风格一致，符合参考图的要求，如图 4 - 19 所示。

图 4 - 19　房顶瓦片模型制作效果

制作思路

首先创建房顶模型并调整比例，然后创建单个瓦片模型，通过复制工具制作单面瓦片模型，然后进行合并和删除模型，完成单面瓦片的制作，再通过复制完成四面瓦片的制作，最后调整完成房顶瓦片模型的制作。

案例制作

1. 按住 Shift + 鼠标右键，打开 Maya 快捷菜单，新建立方体，单击"缩放"→"移动"，将立方体放置在如图 4 – 20 所示位置。

图 4 – 20 调整立方体模型位置

2. 鼠标右击，进入"面"级别，选择向上的面，按住 Shift + 鼠标右键，选择"挤出面"，按"移动"向上移动，按"缩放"将整体缩放至如图 4 – 21 所示位置。

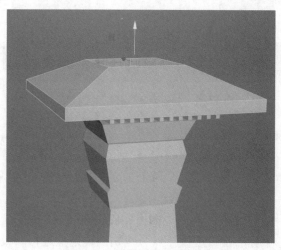

图 4 – 21 调整立方体模型结构

3. 重复执行"挤出面"→"缩放"→"移动"命令，将模型调整至如图 4 – 22 所示位置。

4. 按住 Shift + 鼠标右键，打开 Maya 快捷菜单，新建立方体，使用"缩放"→"移动"命令将立方体放置在如图 4 – 23 所示位置。

图 4 – 22　重复命令调整模型

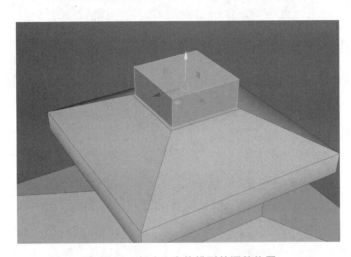

图 4 – 23　新建立方体模型并调整位置

5. 选择立方体，按鼠标右键向上进入"边"级别，按住 Shift + 鼠标右键，选择"插入循环边工具"，如图 4 – 24 所示。

6. 在左侧工具设置中将"保持位置"改为"多个循环边"，"循环边数"为 2。单击立方体的一条边，如图 4 – 25 所示。

7. 进入"面"级别，选择左、右两边的面，使用 Shift + 右键，选择"挤出"命令，选择"移动"向上挤出。鼠标右击，进入"点"级别，框选点进行"缩放"，调整至如图 4 – 26 所示位置。

8. 鼠标右击，进入"边"级别，按 Shift + 右键，选择"插入循环边工具"，将"保持位置"更改为"与边的相对距离"，在如图 4 – 27 所示位置加入一条循环边。

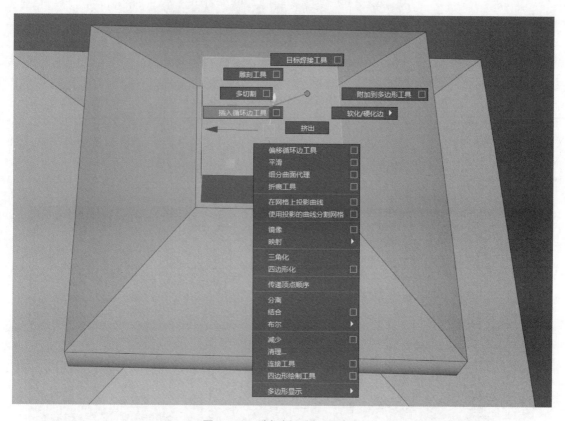

图 4 – 24 选择插入循环边工具

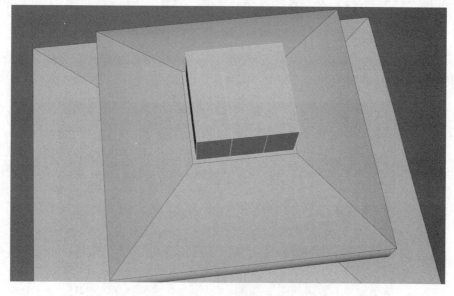

图 4 – 25 加线完成

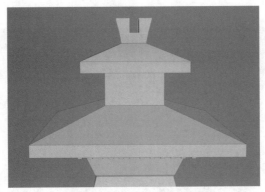

图 4 - 26 挤出调整

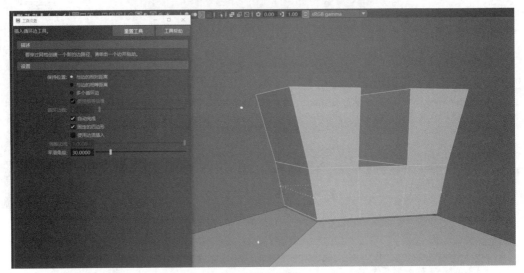

图 4 - 27 加线

9. 鼠标右击, 进入"面"级别, 选择如图 4 - 28 所示的环面, 按 Shift + 右键, 选择"挤出面", 使用"移动"向外拉至如图 4 - 29 所示位置。

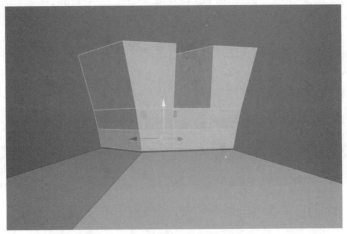

图 4 - 28 选择环面

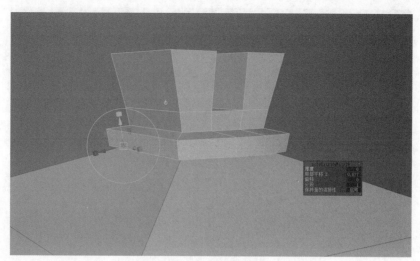

图 4 - 29　挤出选择面

10. 按住 Shift + 鼠标右键，打开 Maya 快捷菜单，新建立方体，将右侧"旋转 Y"参数改为 45。按 W + 鼠标左键，将坐标轴改为对象模式，调整至如图 4 - 30 所示位置。

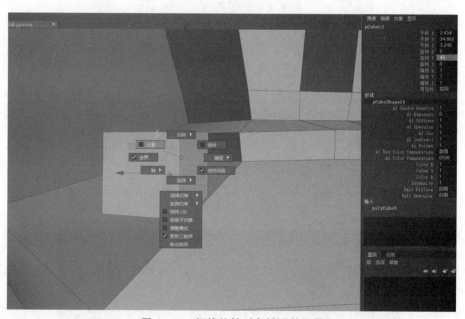

图 4 - 30　切换旋转对象轴调整位置

11. 选择立方体，通过"旋转"和"缩放"命令调整形体，并调整至如图 4 - 31 所示位置。

12. 选择最上面的模型，进入"边"级别，按 Ctrl + 鼠标右键，在弹出的快捷菜单中单击"环形边工具"→"到环形边并分割"，这样便在所选中的线的中间加了一条边。重复操作至如图 4 - 32 所示效果。

13. 把屋脊上的立方体模型复制一个，调整到下层尾脊，选择刚才的两个立方体，按住 D + V 组合键将中心移至如图 4 - 33 所示位置。

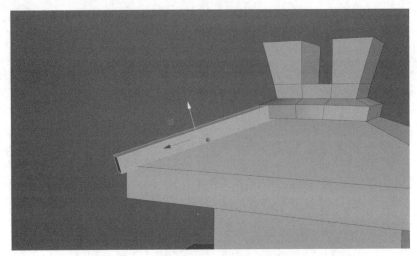

图 4 – 31　调整立方体形体和位置

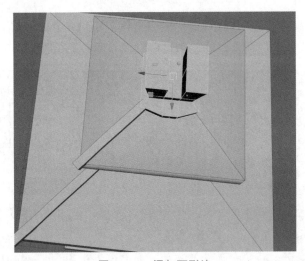

图 4 – 32　添加环形边

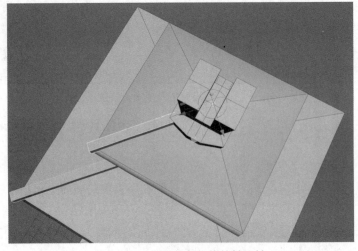

图 4 – 33　设置复制物体的轴心轴

14. 按 Ctrl + D 组合键复制，旋转 Y 轴 90°，继续复制出三个模型，如图 4 – 34 所示。房顶制作完成。

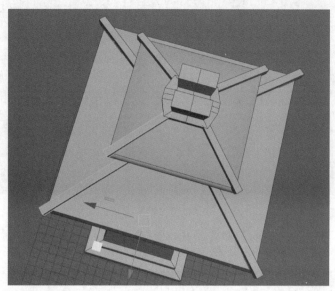

图 4 – 34　复制完成

15. 接下来制作瓦片：按住 Shift + 鼠标右键，打开 Maya 快捷菜单，建立管道，将右侧厚度改为 0.15，轴向细分数改为 12。单击"移动"→"缩放"命令，调整至如图 4 – 35 所示位置。

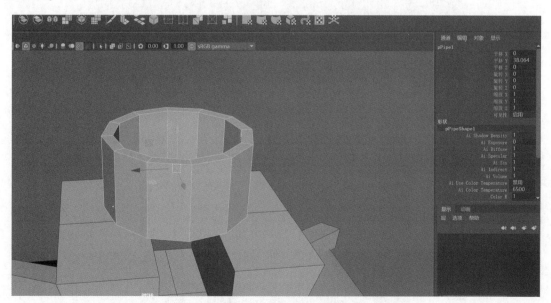

图 4 – 35　建立管道模型

16. 进入"面"级别，将管道删除一半。进入"边"级别，选择缺口处的边，按住 Shift + 鼠标右键，选择"填充洞"，另一边也重复同样的操作，如图 4 – 36 所示。

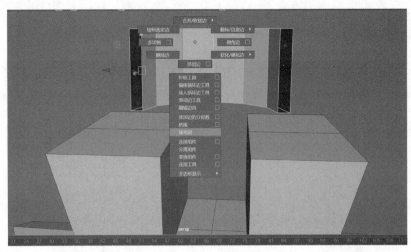

图 4 - 36　填充洞

17. 使用"移动"→"缩放"命令将瓦片移动到如图 4 - 37 所示位置。注意瓦片上小下大。

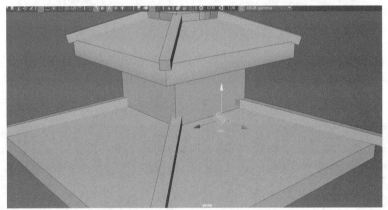

图 4 - 37　移动瓦片

18. 使用按 Ctrl + D 组合键复制出多个瓦片，并调整至如图 4 - 38 所示位置。注意删除中间复制出来的多余的瓦片。

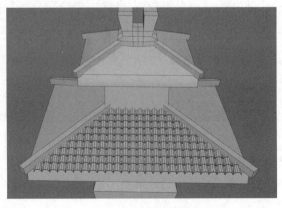

图 4 - 38　瓦片调整

19. 选中所有的瓦片，按 Shift + 鼠标右键，选择"结合"，如图 4 - 39 所示。

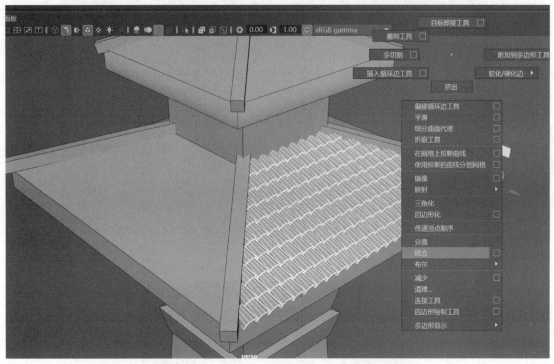

图 4 - 39　结合

20. 按住 Ctrl + D 组合键复制，调整至如图 4 - 40 所示的位置和大小。

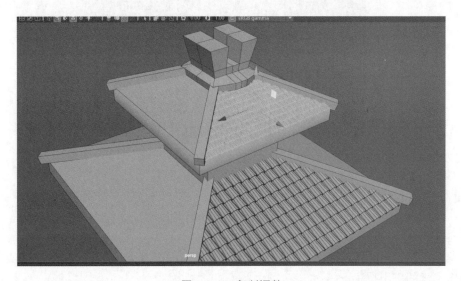

图 4 - 40　复制调整

21. 将上下瓦片使用 Shift + 鼠标右键，选择"结合"工具，将模型结合在一起，然后按 Ctrl + D 组合键进行复制，并根据建筑的房顶结构旋转 Y 轴 90°，如图 4 - 41 所示。

22. 重复复制、旋转至如图 4 - 42 所示效果，瓦片就制作完成了。

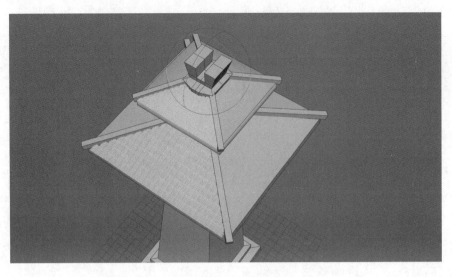

图 4 - 41　旋转复制

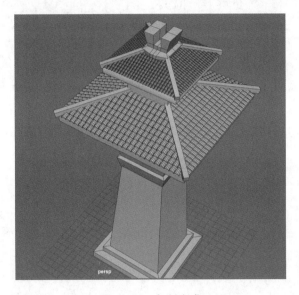

图 4 - 42　复制完成

任务三　门柱制作

技能目标

本案例学习如何制作古建筑的门柱结构模型，重点让学生掌握门柱模型的制作思路和多边形制作工具的应用技法。

任务描述

本案例的主要任务是制作古建筑房顶的门柱模型，使门柱模型结构准确，比例合理，跟模型主体风格一致，符合参考图的要求，如图 4 - 43 所示。

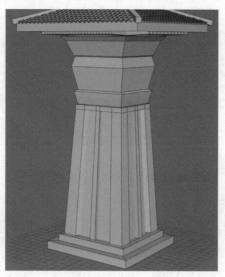

图 4 – 43　门柱模型制作效果

制作思路

首先制作立方体，并进行分段和比例调整，再通过挤出面工具和合并顶点工具完成门柱的结构模型，最后调整比例融入主体模型中。

案例制作

1. 接下来制作门柱：全选所有模型，按右下角的 □ ◄ ◄ ◄ ◄ 最后一个图标，将所有模型加入同一个层，这样就把该层的模型都隐藏起来，如图 4 – 44 所示。

图 4 – 44　把所有模型加入层并隐藏

2. 创建一个立方体，使用"缩放"命令调整大小，进入"面"级别，选择上、下两个面，按 Shift + 鼠标右键，单击"挤出面"命令，如图 4 – 45 所示。

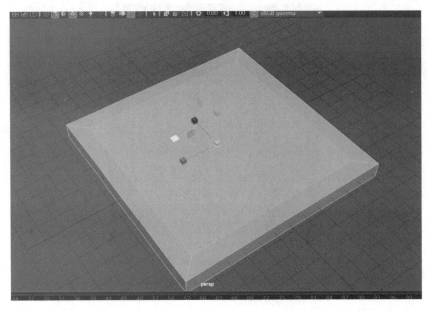

图 4－45　挤出面

3. 进入"边"级别，按住 Shift＋鼠标右键，选择"插入循环边工具"，将"保持位置"更改为"多个循环边"，"循环边数"为 4，按照图 4－46 所示插入循环边。

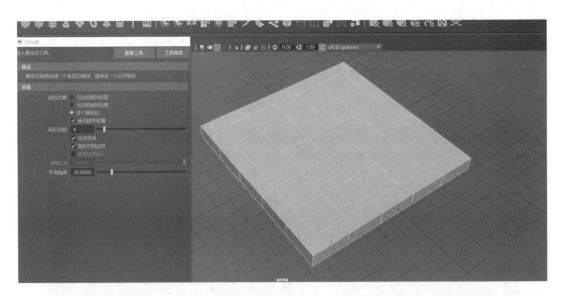

图 4－46　插入循环边

4. 进入"边"级别，对边进行微微调整，如图 4－47 所示。

5. 复制模型，单击"移动"命令向上提，并选择两个模型，按 Shift＋鼠标右键，选择"结合"，如图 4－48 所示。

6. 按住空格键＋鼠标左键，进入顶视图，进入"面"级别，选择如图 4－49 所示的面。

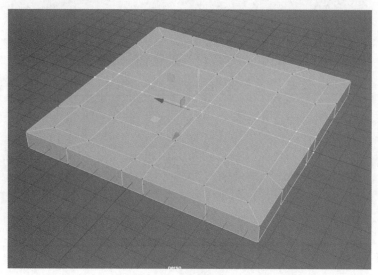

图 4 - 47　调整

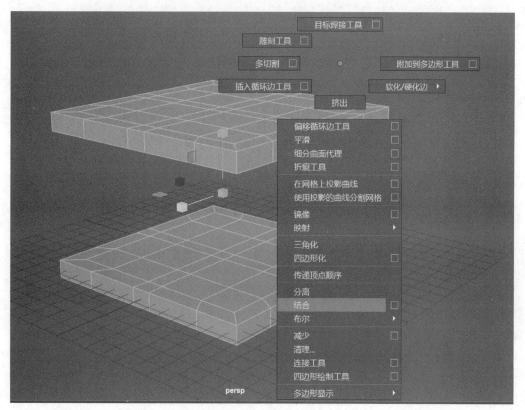

图 4 - 48　结合工具

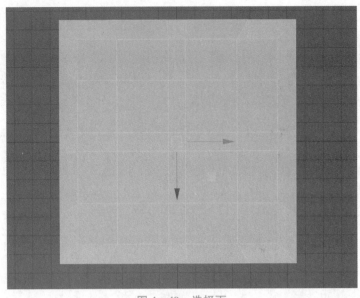

图 4 – 49　选择面

7. 按住空格键 + 鼠标左键，进入侧视图，按住 Ctrl 键将不用的面减选掉，如图 4 – 50 所示。

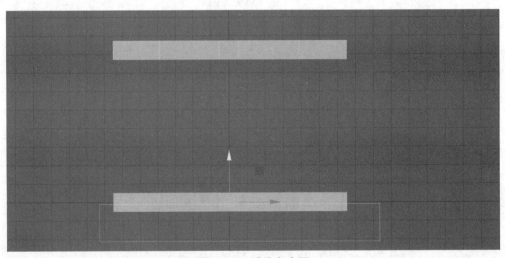

图 4 – 50　减选多余面

8. 按住空格键 + 鼠标左键，进入透视图，按住 Shift + 鼠标右键，选择"挤出面"。按 R 键缩放至如图 4 – 51 所示位置，然后按 Delete 键删除面。

9. 进入"点"级别，框选如图 4 – 52 所示的点。

10. 按 R 键，选择"缩放"，按住 Shift + 鼠标右键，选择"合并顶点"→"合并顶点"，将距离阈值调至 0.001，如图 4 – 53 和图 4 – 54（a）所示。

11. 将多余的边删掉，选择制作完成的门柱模型，移动鼠标至右下角当前的隐藏层上，右击，选择"添加选定对象"命令，将门柱模型添加到隐藏层。

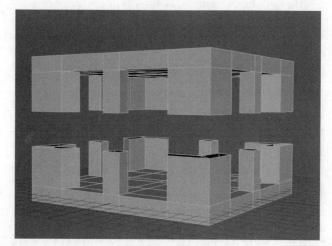

图 4-51 删除面

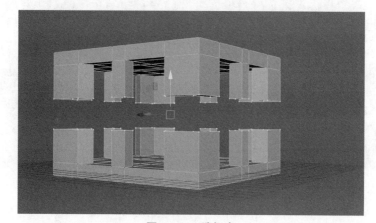

图 4-52 选择点

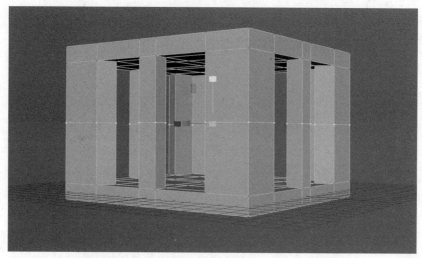

图 4-53 对齐点

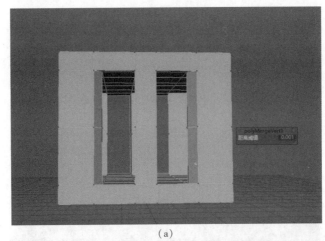

（a）

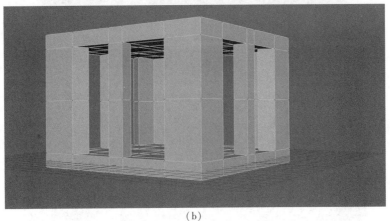

（b）

图 4 - 54 删除多余边

（a）合并顶点；（b）删除多余边

12. 按住空格键 + 鼠标左键进入顶视图，进入"面"级别，删掉如图 4 - 55 所示的面。然后进入透视图。

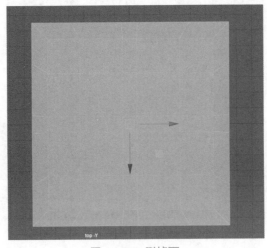

图 4 - 55 删掉面

13. 在右下角的层中，勾选 V 的图标，使模型显现出来，用于调整门柱的大小和位置，如图 4 – 56 所示。

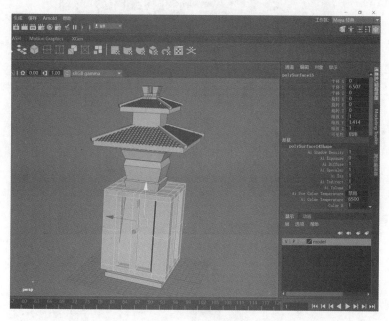

图 4 – 56 显示模型

14. 使用"移动"→"缩放"命令将门柱调整至如图 4 – 57 所示位置。

图 4 – 57 调整门柱模型的比例结构

15. 按住 Ctrl + D 组合键复制出一个门柱，使用"移动"→"缩放"命令调整至如图 4 – 58 所示位置。门柱就制作完成了。

图 4 – 58　门柱完成效果

任务四　整体调整

技能目标

本案例学习如何制作古建筑的主体结构模型，重点让学生理解古建筑模型的制作流程和多边形建模的应用技法。

任务描述

本案例的主要任务是制作古建筑房顶的细节模型并对总体模型进行调整，使古建筑模型结构准确，比例合理，跟模型主体风格一致，符合参考图的要求，如图 4 – 59 所示。

图 4 – 59　最终完成效果

制作思路

打开模型场景，对照参考图检查场景模型的比例和结构，并对部分边进行倒角细化，然后补充和完善细节模型，最终调整完成。

案例制作

1. 至此，模型基本上已经完成，接下来就要对整体进行调整。选择如图 4 – 60 所示的模型，进入"边"级别，按住 Ctrl + 鼠标右键，在弹出的快捷菜单中选择"到环形边工具"→"到环形边并分割"，在中间加一条线，使用"移动"命令向下拉，调整至如图 4 – 61 所示位置。

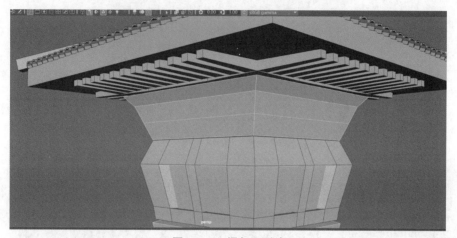

图 4 – 60　添加环形边

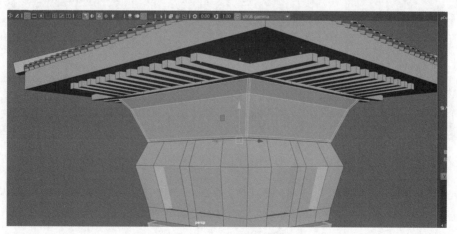

图 4 – 61　调整边位置

2. 制作一些细节：选择需要进行细节处理的立方体，进入"边"级别，按住 Shift + 鼠标右键，选择"倒角边"，调整"分数"→"分段"至合适位置，接下来分别对立方体进行倒角，步骤同上。效果如图 4 – 62 所示。

3. 对装饰进行制作：建立一个圆球，将右侧"轴向细分数"和"高度细分数"都改为15，如图 4 – 63 所示。

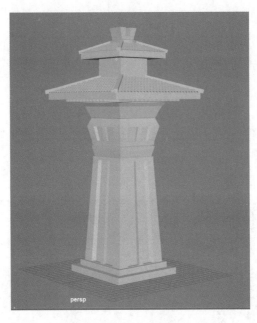

图 4 - 62   倒角制作细节

图 4 - 63   创建圆球体

4. 选择最上面的一圈面，使用"移动"命令向上移动，按住 Shift + 鼠标右键，选择"挤出面"，使用"缩放"命令微微缩放一点，然后按 G 键重复上一步操作向上挤出面，建立一个立方体，并将立方体进行倒角处理，如图 4 - 64 所示。

5. 选择两个模型，按 Shift + 鼠标右键，选择"结合"，然后选择"修改"里面的"居中枢轴"，按 E 键旋转 Y 轴 45°，将模型放置在如图 4 - 65 所示位置。

6. 整体调整：将做好并且放置好位置、调整好大小的模型复制到古建筑的四个角，至此古建筑场景就制作完成了。要注意观察模型的整体结构，确定其比例、大小、位置是否合适。整体调整后，模型制作完成，如图 4 - 66 所示。

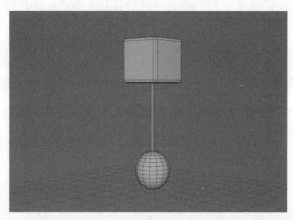

图 4 – 64 创建立方体

图 4 – 65 调整位置

图 4 – 66 整体调整

模块小结

通过对本模块的学习，我们发现，在制作模型的时候，首先要仔细观察模型本身，对模型深入了解，接着先从大的结构开始入手，然后调整细节，最后再做整体的调整。本模块学习使用了"挤出"→"插入循环边"等命令。

拓展练习

如图 4 – 67 所示。

图 4 – 67　拓展练习

模 块 五

温馨卧室场景制作

【知识目标】

1. 了解场景的制作流程★
2. 掌握场景的模型制作方法★★
3. 掌握室内材质与 UV 制作方法★★★★
4. 掌握卧室场景灯光渲染的方法★★★★
5. 掌握图片后期处理的技巧和方法★★★★

【技能目标】

本模块通过案例来学习如何制作床的模型，重点是要让学生学会运用多边形建模制作室内场景的方法，并能够具备三维场景模型制作、材质制作、渲染后期等流程的基本能力。

【素养目标】

树立三维场景规范制作职业素养；培养精益求精的三维模型制作工匠精神；培养学生三维场景制作思维和创新能力；培养学生发现问题和解决问题的能力；培养学生沟通表达、小组合作的能力。

项目一　案例分析

场景制作流程

在制作室内场景项目的时候，一般会按照"模型 – 材质 – 灯光 – 渲染 – 后期处理"的流程进行制作。在模型制作模块过程中，先制作主体物床的模型，然后制作床头柜、墙壁、相框、台灯、窗帘等其他模型。材质、UV、贴图制作、灯光设置和渲染是一个整体，主要是为场景模型赋予色彩和质感，在此过程中重点把握好色彩搭配、UV 的准确性和光影的真实性。后期合成是对场景模型、材质和渲染工作的总结，重点是调整好渲染图的色彩调节，以及与配景的协调搭配。本项目主要考核学生对场景整体制作流程的掌握程度，并且锻炼学生对场景模型细节的分析能力和制作能力，如图 5 – 1 所示。

图 5 - 1 温馨卧室场景效果图

项目二 案例制作——模型制作

任务一 床的制作

技能目标

本任务通过案例来学习如何制作床的模型，重点是要让学生掌握多边形建模的方法，并能够具备制作其他模型的能力。

任务描述

本案例的主要任务是制作场景中的床模型，并能够通过建模工具对床模型进行调整，让床的外观看起来自然协调，像现实中床的外观，如图 5 - 2 所示。

图 5 - 2 床效果图

制作思路

首先利用多边形创建多个立方体，将床的大致形体做出，然后创建圆柱体，制作四个床腿，再选中多边形的部分边进行倒角，最后插入循环边，通过编辑控制点工具对模型进行调节，完成床模型的制作。

案例制作

1. 运行 Autodesk Maya 2017，找到多边形窗口，单击下方立方体进行创建，如图 5 - 3 所示。

图 5 - 3　多边形创建

2. 利用"缩放"→"移动"工具做出床底模型大致形状，如图 5 - 4 所示。

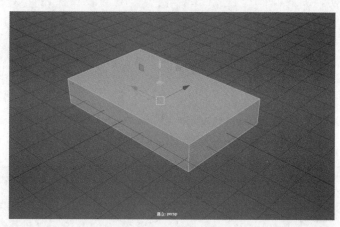

图 5 - 4　床底模型大致形状

3. 在侧视图与透视图中通过"控制点工具"将床头模型大致形状做出，如图 5 - 5 和图 5 - 6 所示。

4. 复制床底模型，利用"缩放"和"移动"工具将床铺大致形状做出来，如图 5 - 7 所示。

5. 创建圆柱体，在侧视图中利用"缩放"与"控制点工具"将床腿模型大致形状做出，如图 5 - 8 所示。

6. 在顶视图中，复制床脚，利用"移动工具"将其放在床底四角位置，如图 5 - 9 所示。

7. 选择床底模型的四边，执行"倒角命令"，如图 5 - 10 和图 5 - 11 所示。

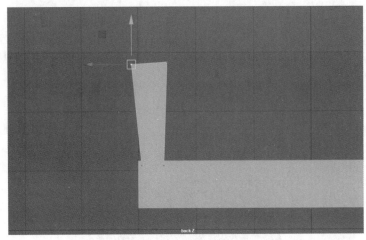

图 5-5　床头侧视图

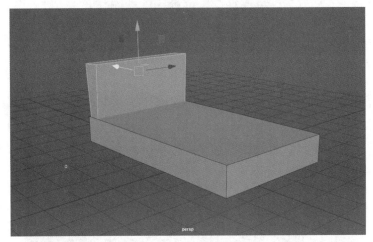

图 5-6　床头透视图

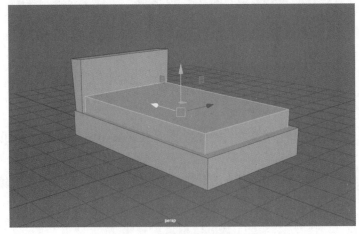

图 5-7　床铺模型大致形状

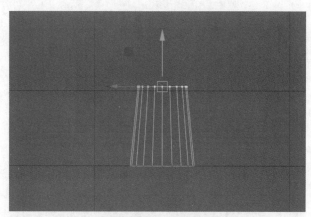

图 5 – 8　床腿侧视图

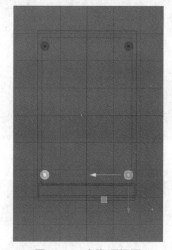

图 5 – 9　床脚顶视图

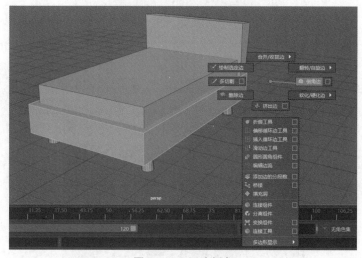

图 5 – 10　四边倒角

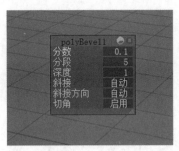

图 5-11　倒角数值

8. 选择床底上、下各边，执行"倒角命令"，如图 5-12 和图 5-13 所示。

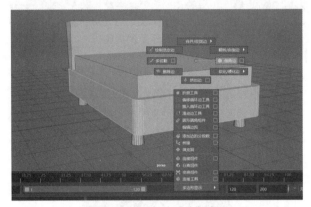

图 5-12　上、下边倒角

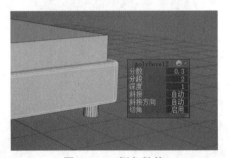

图 5-13　倒角数值

9. 选择床头模型所有边，执行"倒角边"命令，如图 5-14 和图 5-15 所示。

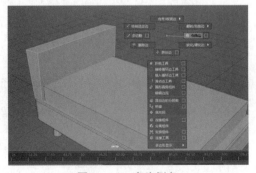

图 5-14　床头倒角

图 5 - 15 倒角数值

10. 复制床铺模型，利用"移动"和"缩放"工具将被子大致模型做出来，同时利用"控制点工具"改变床铺形状，如图 5 - 16 和图 5 - 17 所示。

图 5 - 16 被子大致形状

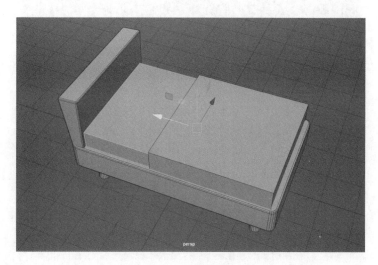

图 5 - 17 改变床铺形状

11. 复制被子模型，利用"移动工具"与"控制点工具"将被角大致形状做出，如图 5 - 18 所示。

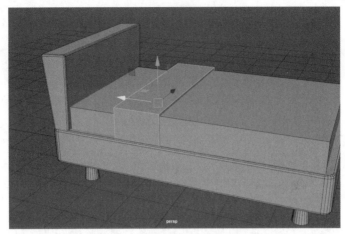

图 5 – 18   被角大致形状

12. 选择床铺所有边执行"倒角边"命令，如图 5 – 19 和图 5 – 20 所示。

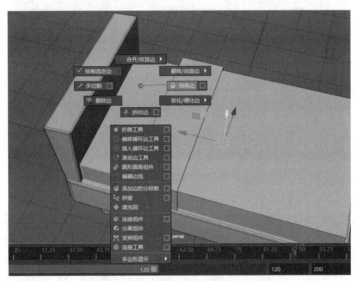

图 5 – 19   床铺倒角边

图 5 – 20   倒角边数值

13. 选择被子模型，执行"插入循环边工具"命令并利用"控制点工具"调节模型细节，如图 5 – 21 和图 5 – 22 所示。

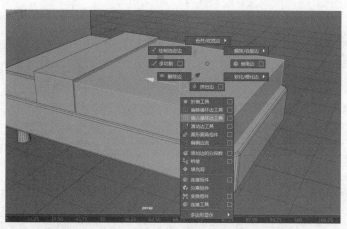

图 5-21　插入循环边工具

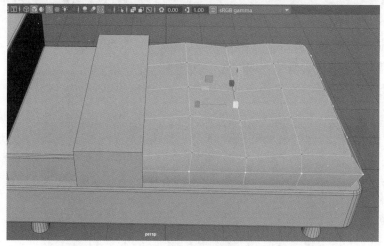

图 5-22　调节模型

14. 制作枕头模型，创建立方体，利用"缩放"和"移动"工具改变形状并打开通道栏，在"输入（polyCube4）"中分别将细分宽度、高度细分数、深度细分数数值进行更改，如图 5-23 和图 5-24 所示。

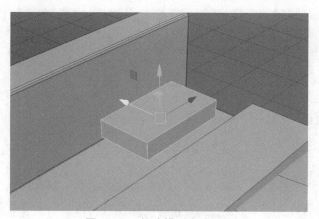

图 5-23　枕头模型大致形状

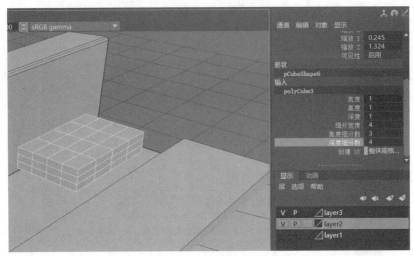

图 5 –24　改变模型数值

15. 选中制作完成的枕头模型，按 Ctrl + D 组合键，复制出一个模型，并调整位置。利用"控制点工具"调节模型细节，如图 5 –25 所示。

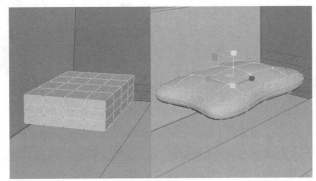

图 5 –25　调节模型细节

16. 选择枕头模型，单击 Shift + 右键，在弹出的快捷菜单中选择"平滑"命令，保持默认参数，最终完成效果如图 5 –26 所示。

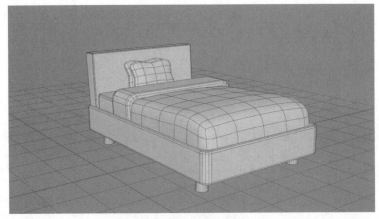

图 5 –26　完成效果图

任务二 床头柜的制作

技能目标

本任务通过案例来学习如何制作床头柜模型，重点是让学生掌握多边形建模方法，并能够具备制作其他模型的能力。

任务描述

本案例的主要任务是制作场景中的床头柜模型，并能够通过建模工具对床头柜模型进行调整，让床头柜的外观看起来自然协调，像现实中的床头柜的外观，如图 5 - 27 所示。

图 5 - 27　床头柜效果图

制作思路

首先利用多边形，创建多个立方体将柜身与柜顶做出，然后创建圆柱体制作四个柜腿，在柜面插入循环边执行挤出命令并用控制点工具调节模型，然后选中多边形的部分边进行倒角，最后创建圆柱体，执行挤出面命令做出把手，完成床头柜模型的制作。

案例制作

1. 运行 Autodesk Maya 2017，找到"多边形"选项卡，单击下方立方体进行创建，如图 5 - 28 所示。

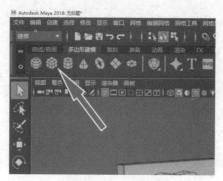

图 5 - 28　多边形创建

2. 利用"缩放"和"移动"工具改变柜顶模型形状和位置，如图 5 – 29 所示。

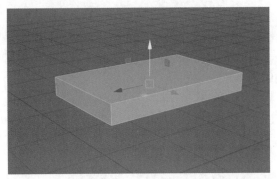

图 5 – 29　柜顶模型

3. 创建立方体，利用"缩放移动工具"改变柜身模型形状与位置，如图 5 – 30 所示。

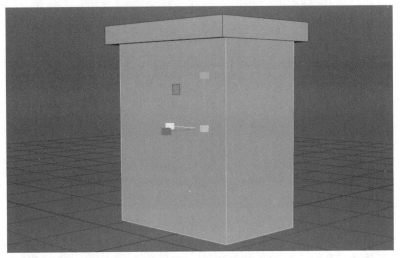

图 5 – 30　柜身模型

4. 创建圆柱体，在侧视图中利用"缩放工具"与"控制点工具"调节模型，如图 5 – 31 所示。

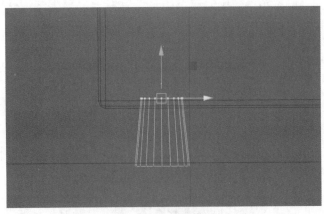

图 5 – 31　柜腿模型

5. 在顶视图中，复制柜腿，利用"移动工具"将其放在柜底四角位置，如图5-32所示。

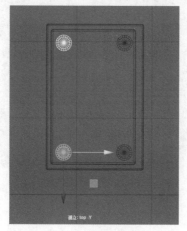

图5-32 柜腿顶视图

6. 选择柜顶所有边，执行"倒角边"命令，如图5-33和图5-34所示。

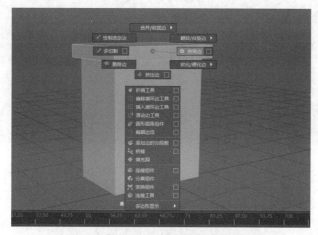

图5-33 柜顶倒角边

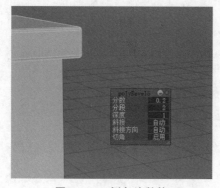

图5-34 倒角边数值

7. 复制柜身模型，将柜面模型做出，如图5-35所示。

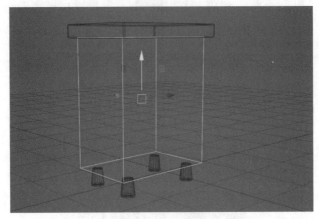

图 5 – 35　复制模型

8. 选择柜面模型，执行"插入循环边工具"命令，如图 5 – 36 所示。

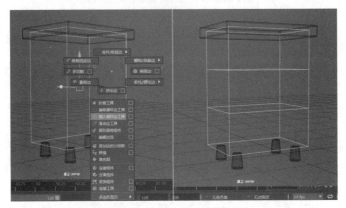

图 5 – 36　插入循环边工具

9. 利用"控制点工具"调节柜面模型，如图 5 – 37 所示。

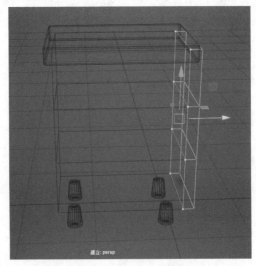

图 5 – 37　调节模型

10. 选择柜面模型的面，执行"挤出面"命令，如图 5 – 38 所示。

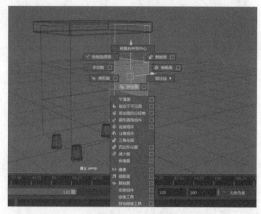

图 5 – 38　挤出面

11. 选择柜面模型，利用"控制点工具"调节模型，如图 5 – 39 所示。

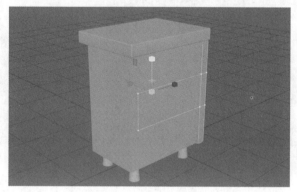

图 5 – 39　调节模型

12. 选择柜身所有边，执行"倒角边"命令，如图 5 – 40 和图 5 – 41 所示。

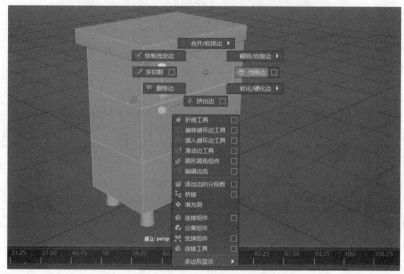

图 5 – 40　"倒角边"命令

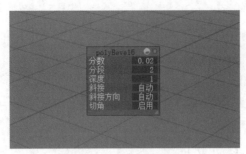

图 5 – 41　倒角边数值

13. 选择柜面所有边，执行"倒角边"命令，如图 5 – 42 和图 5 – 43 所示。

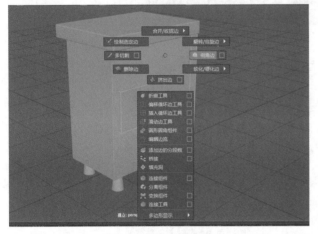

图 5 – 42　柜面倒角边

图 5 – 43　倒角边数值

14. 创建圆柱体，利用"缩放"和"旋转"工具将把手大致形状做出，如图 5 – 44 所示。

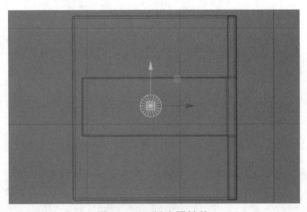

图 5 – 44　创建圆柱体

15. 在侧视图中利用"控制点工具"调节模型，并选择一个侧面，执行"挤出"命令，如图5 –45 和图 5 –46 所示。

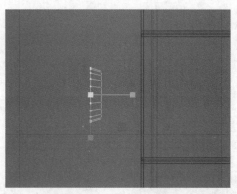

图 5 – 45 调节把手模型

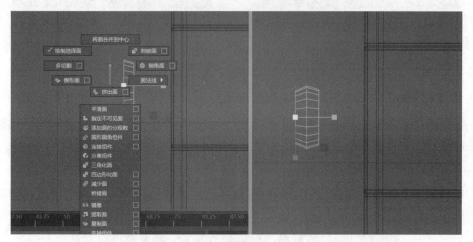

图 5 – 46 挤出面

16. 再次执行"挤出面"命令，并调整其形状，如图 5 – 47 所示。

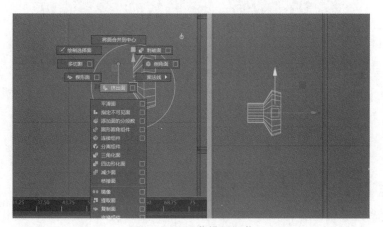

图 5 – 47 调节模型细节

17. 复制把手模型，分别放置在上方与下方，如图 5 – 48 所示。
18. 最终完成效果如图 5 – 49 所示。

图 5-48　复制把手

图 5-49　完成效果图

任务三　墙壁的制作

技能目标

本任务通过案例来学习如何制作床的模型，重点是要让学生学会利用多边形建模的方法，并能够具备制作其他模型的能力。

任务描述

本案例的主要任务是制作场景中的墙壁模型，并能够通过建模工具对墙壁模型进行调整，让墙壁的外观看起来自然协调，像现实中的墙壁的外观，如图 5-50 所示。

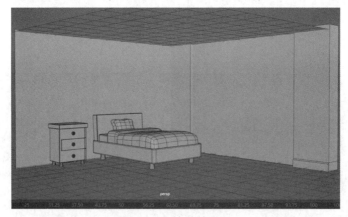

图 5-50　墙壁效果图

制作思路

首先利用多边形创建多个平面将墙面做出，然后通过挤出面将窗户口留出，完成墙壁模型的制作。

案例制作

1. 运行 Autodesk Maya 2017，找到"多边形"选项卡，单击下方多边形平面进行创建，如图 5-51 所示。

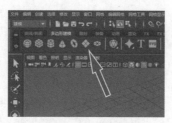

图 5 –51 多边形创建

2. 利用"缩放工具"放大平面作为地面，如图 5 –52 所示。

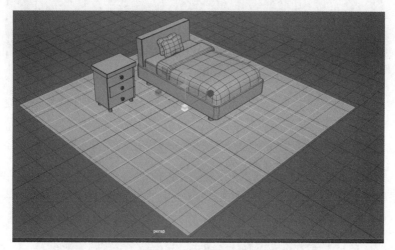

图 5 –52 地面模型

3. 打开通道栏，在"输入（polyPlane2）"中分别将"细分宽度""高度细分数"数值改为 1，如图 5 –53 所示。

图 5 –53 数值更改

4. 复制地面，利用"旋转"→"缩放"和"移动"工具制作右侧墙壁模型，最终形状与位置如图 5 –54 所示。

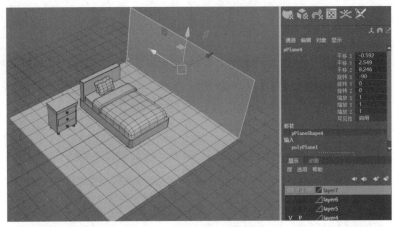

图 5-54 右侧墙壁模型

5. 复制墙壁，利用"旋转和移动工具"改变后侧墙壁模型形状与位置，如图 5-55 所示。

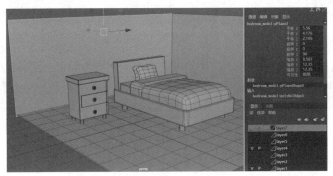

图 5-55 后侧墙壁模型

6. 复制地面模型，利用"移动工具"调整位置，制作成屋顶模型，如图 5-56 所示。

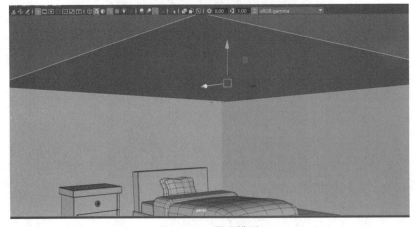

图 5-56 屋顶模型

7. 选择右侧墙壁，执行"插入循环边工具"命令，如图 5-57 所示。

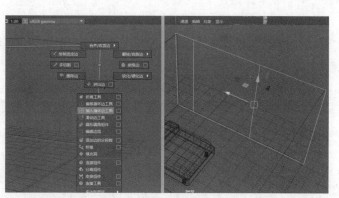

图5－57　插入循环边工具

8. 选择右侧墙壁的一个面，执行"挤出面"命令，如图5－58所示。

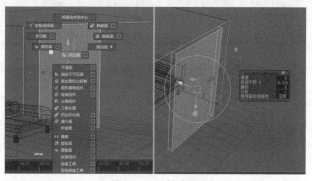

图5－58　挤出面

9. 最终完成效果如图5－59所示。

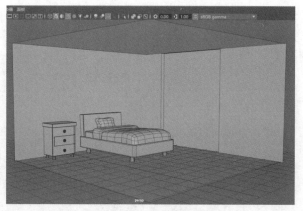

图5－59　完成效果图

任务四　窗户的制作

技能目标

本任务通过案例来学习如何制作窗户的模型，重点是要让学生学会多边形建模的方法，并能够具备制作其他模型的能力。

任务描述

本案例的主要任务是制作场景中的窗户模型，并能够通过建模工具对窗户模型进行调整，让窗户的外观看起来自然协调，像现实中的窗户的外观，如图 5 – 60 所示。

图 5 – 60　窗户效果图

制作思路

首先提取面并删除多余面，然后挤出窗户外框，创建多个立方体将内框做出，利用移动缩放工具进行位置形状调节，完成窗户模型的制作。

案例制作

1. 选择右侧墙壁挤出的面，执行"提取面"命令，如图 5 – 61 所示。

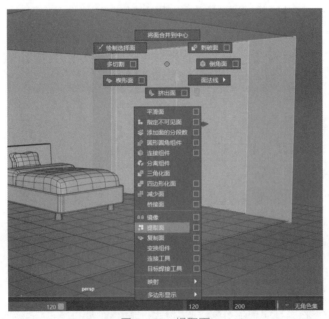

图 5 – 61　提取面

2. 选择面，执行"挤出面"命令，如图 5 – 62 所示。

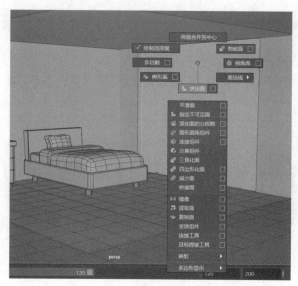

图 5 – 62　挤出面

3. 选择挤出的面，利用"缩放工具"进行缩小，如图 5 – 63 所示。

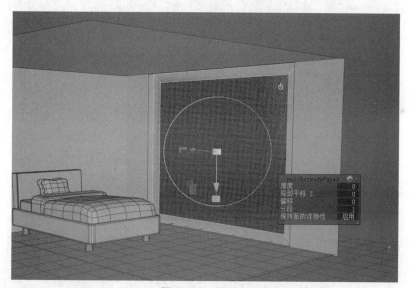

图 5 – 63　缩放面

4. 删除中间面，如图 5 – 64 所示。

5. 选择其余四边面，执行"挤出面"命令，如图 5 – 65 所示。

6. 创建立方体，利用"缩放"和"移动"工具制作横向窗框，并调整其形状与位置，如图 5 – 66 所示。

7. 复制横向窗框模型，利用"旋转和移动工具"制作竖向窗框的模型，并调整位置，如图 5 – 67 所示。

8. 最终效果完成，如图 5 – 68 所示。

图 5 – 64 删除面

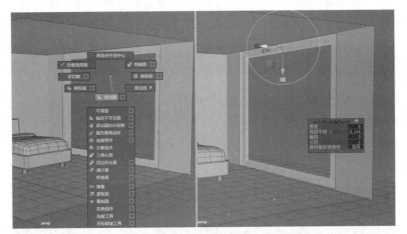

图 5 – 65 挤出面

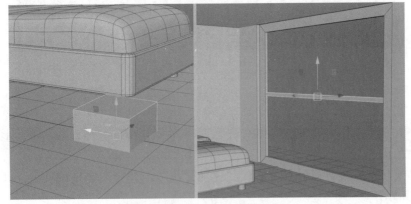

图 5 – 66 横向窗框模型制作

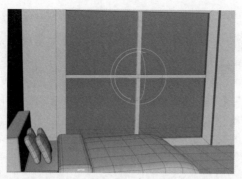

图 5－67　竖向窗框模型

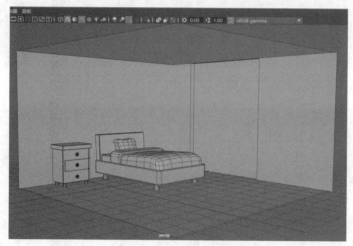

图 5－68　完成效果图

任务五　配件的制作

技能目标

本任务通过案例来学习如何制作配件的模型，重点是要让学生学会多边形建模的方法，并能够具备制作其他模型的能力。

任务描述

本案例的主要任务是制作场景中的配件模型，并能够通过建模工具对配件模型进行调整，让配件的外观看起来自然协调，像现实中的配件的外观，如图 5－69 所示。

制作思路

首先创建 CV 曲线完成窗帘制作，然后创建立方体，通过多次挤出做出相框，最后创建圆柱体并利用工具将装饰物和台灯做出，完成配件模型的制作。

案例制作

1. 运行 Autodesk Maya 2017，打开菜单"创建（Create）"→"曲线工具（Curve Tool）"→"CV 曲线工具（CV Curve Tool）"，如图 5－70 所示。

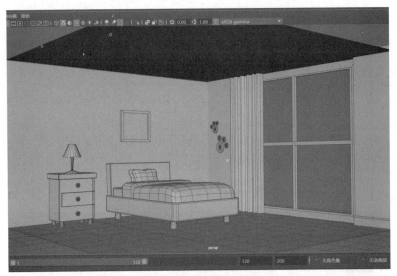

图 5 - 69　配件效果图

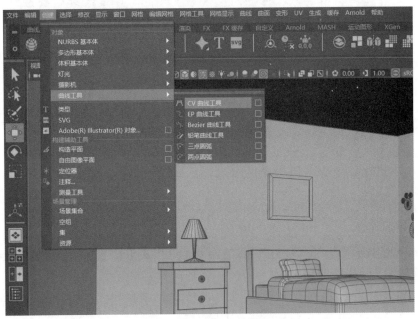

图 5 - 70　选择 CV 曲线

2. 在顶视图中单击鼠标，绘制出窗帘的横截面，如图 5 - 71 所示。

3. 选择 CV 曲线并复制一条放置在上方，如图 5 - 72 所示。

4. 选择两条 CV 曲线，执行菜单"曲面"→"放样"命令，会生成窗帘的基本模型，如图 5 - 73 和图 5 - 74 所示。

5. 当生成的模型是黑色的时候，需要单击视图"照明"→"双面照明"，此时模型就会正常显示灰色，如图 5 - 75 所示。

6. 选择模型，执行菜单"修改"→"居中枢轴"命令，如图 5 - 76 所示。

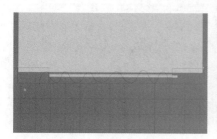

图 5 – 71　窗帘横截面

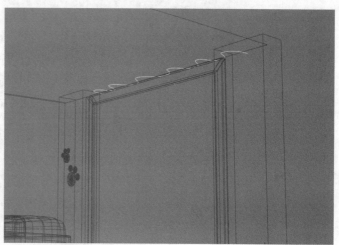

图 5 – 72　窗帘 CV 曲线

图 5 – 73　放样命令

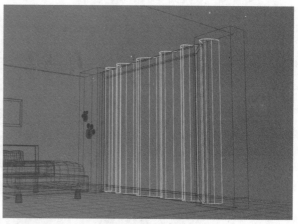

图 5 – 74　窗帘模型

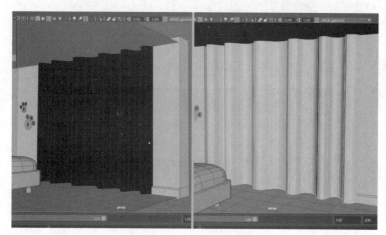

图 5 – 75　双面照明

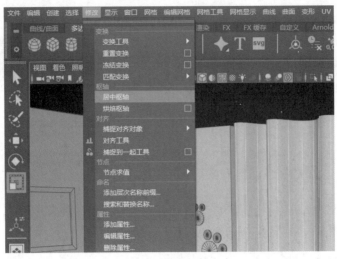

图 5 - 76　居中枢轴命令

7. 选择窗帘模型，利用缩放和移动工具改变模型形状与位置，如图 5 - 77 所示。

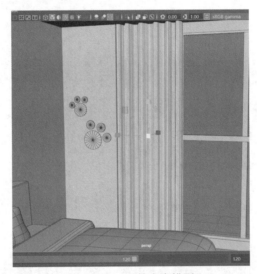

图 5 - 77　调整窗帘模型

8. 创建立方体，利用缩放和移动工具改变相框模型形状与位置，如图 5 - 78 所示。

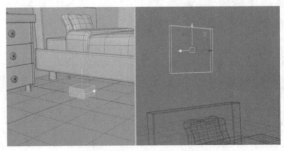

图 5 - 78　制作相框模型

9. 选择面，执行"挤出面"命令，并利用"缩放工具"进行缩小，如图 5-79 所示。

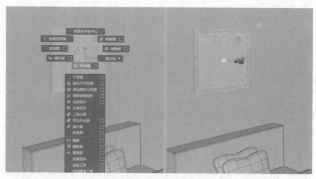

图 5-79 挤出面

10. 将缩放的面再次执行"挤出面"命令，如图 5-80 所示。

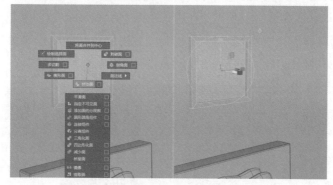

图 5-80 挤出面

11. 制作猫爪装饰物。创建圆柱体，利用缩放和移动工具改变模型形状与位置，如图 5-81 所示。

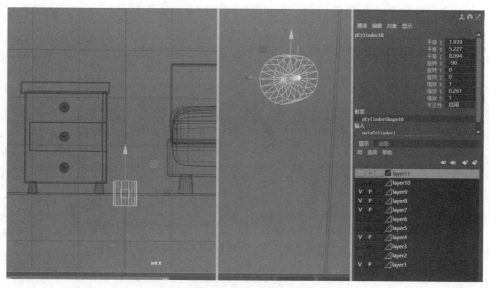

图 5-81 创建圆柱体

12. 复制出多个模型，利用缩放和移动工具改变模型大小与位置，如图 5 - 82 所示。

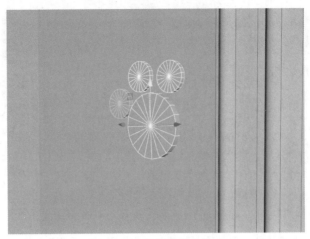

图 5 - 82　复制并调整模型

13. 选择制作好的猫爪装饰物模型进行复制，利用旋转、移动和缩放工具改变模型大小和位置，如图 5 - 83 所示。

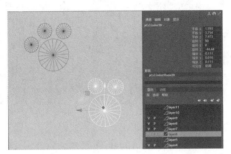

图 5 - 83　制作猫爪装饰物模型

14. 制作台灯模型。创建圆柱体，利用缩放和移动工具改变形状与位置，如图 5 - 84 所示。

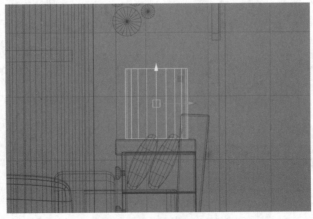

图 5 - 84　创建圆柱体

15. 选择模型，执行"环形边工具"→"到环形边并分割"命令，如图 5 - 85 所示。

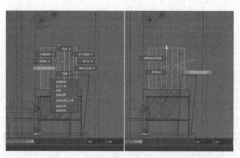

图 5 - 85　形边工具

16. 选择模型的一条边，利用缩放与移动工具改变模型形状，如图 5 - 86 所示。

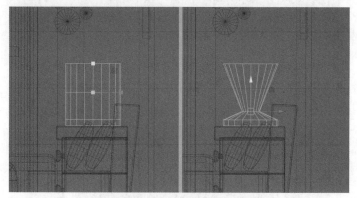

图 5 - 86　改变模型形状

17. 选择模型，利用控制点工具调节模型，如图 5 - 87 所示。

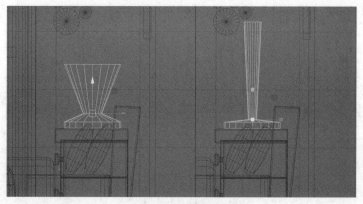

图 5 - 87　调节模型

18. 选择模型，执行多次"环形边工具"→"到环形边并分割"命令，并进行缩放移动，如图 5 - 88 所示。

19. 选择模型，利用控制点工具调节模型，如图 5 - 89 所示。

20. 创建圆柱体，利用缩放和移动工具改变形状与位置，如图 5 - 90 所示。

21. 选择模型，利用"控制点工具"调节模型，如图 5 - 91 所示。

22. 最终完成效果如图 5 - 92 所示。

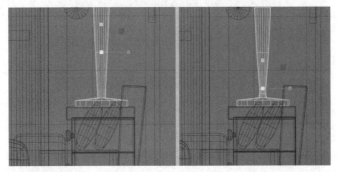

图 5 – 88　环形边工具

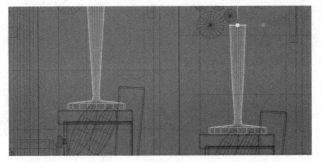

图 5 – 89　调节模型

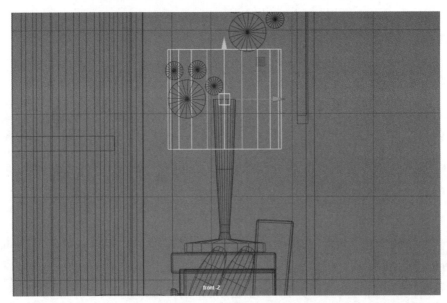

图 5 – 90　创建圆柱体

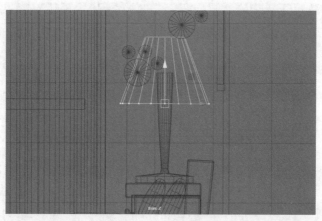

图 5 - 91　调节模型

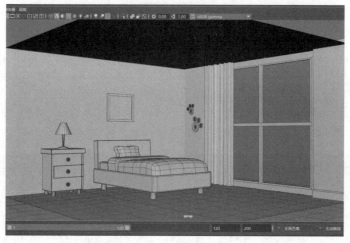

图 5 - 92　最终效果图

项目三　案例制作——材质和后期制作

任务一　场景的材质

技能目标

本任务通过案例学习如何制作场景的材质，重点是要学生学会利用 Maya 材质球制作材质的方法，并能具备为其他物品制作材质的能力。

任务描述

本案例的主要任务是为场景中的模型增加材质，并能够通过属性编辑器对材质球进行调整，让模型的材质看起来自然协调，像现实中的材质，如图 5 - 93 所示。

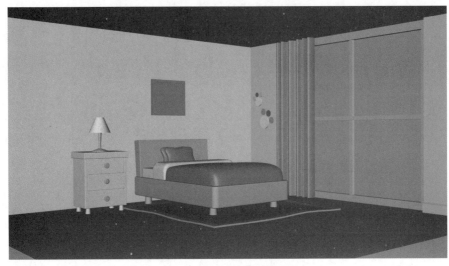

图 5 - 93　材质效果图

制作思路

首先选中模型，然后为其添加新材质，通过多次调整，最后完成整个场景材质的制作。

案例制作

1. 运行 Autodesk Maya 2017，选中地板的模型，按住鼠标右键，向下拖曳至"指定新材质"，如图 5 - 94 所示。

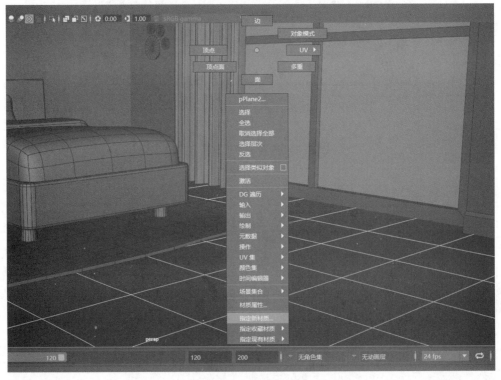

图 5 - 94　指定新材质

2. 在弹窗中，选择"Lambert"材质，如图 5 – 95 所示。

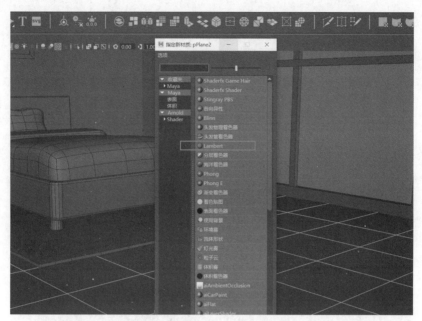

图 5 – 95　选择"Lambert"材质

3. 在界面右侧的"属性编辑器"里单击"颜色"右边的方框，如图 5 – 96 所示。

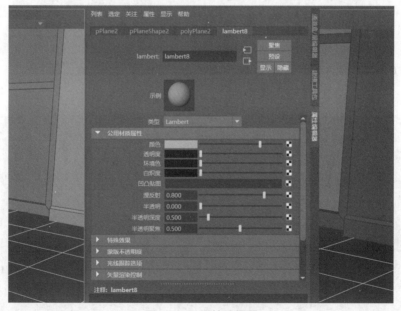

图 5 – 96　属性编辑器

4. 在色环中选择图 5 – 97 中的颜色。

5. 将漫反射从 0.8 调至 1，如图 5 – 98 所示。效果如图 5 – 99 所示。

6. 选中墙壁的模型，重复上述步骤 1～5，效果如图 5 – 100 所示。

7. 选择全部窗框，重复上述步骤 1～5，效果如图 5 – 101 所示。

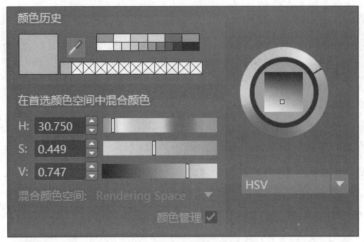

图 5 – 97　选择颜色

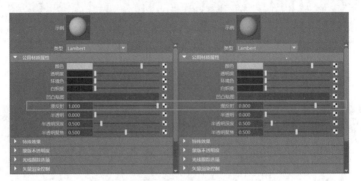

图 5 – 98　调整漫反射

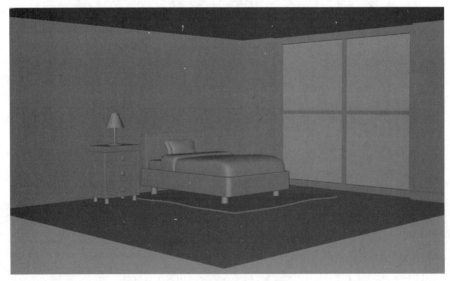

图 5 – 99　地板材质效果图

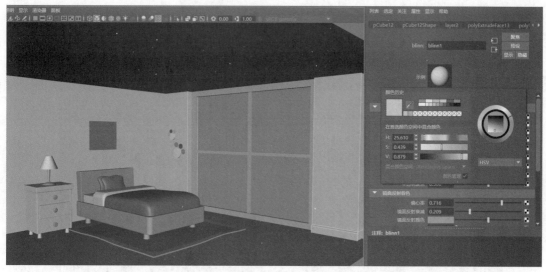

图 5-100　墙壁材质效果图

图 5-101　窗框材质效果图

8. 单击窗帘，重复上述步骤 1~5，在"属性编辑器"中单击"类型"的倒三角，选择"Blinn"材质，更换新材质，如图 5-102 所示。

9. 将偏心率与镜面反射衰减调整至图 5-103 中的数值。效果图如图 5-104 所示。

10. 选中墙上的猫爪装饰物模型，重复上述步骤 1~5，效果如图 5-105 所示。

11. 选择被子的模型，长按鼠标右键，选择指定新材质，如图 5-106 所示。

12. 在弹窗中，选择"Blinn"材质，如图 5-107 所示。

13. 为其添加图 5-108 中的颜色。

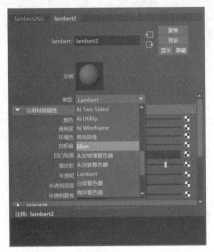

图 5 – 102　更换材质

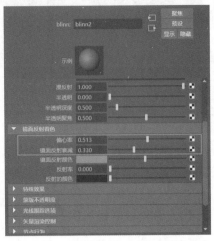

图 5 – 103　调整偏心率与镜面反射衰减

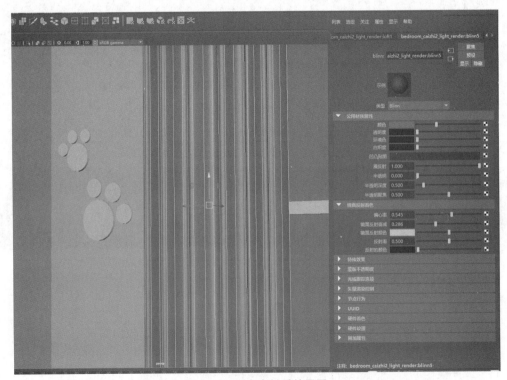

图 5 – 104　窗帘材质效果图

图 5 –105　猫爪装饰物材质效果图

图 5 –106　指定新材质

图 5 –107　选择"Blinn"材质

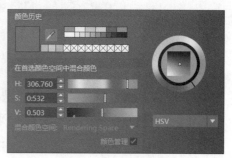

图 5 –108　选择颜色

14. 将偏心率与镜面反射衰减调整至图 5 – 109 中的数值，效果如图 5 – 110 所示。

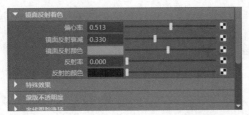

图 5 – 109　调整偏心率与镜面反射衰减

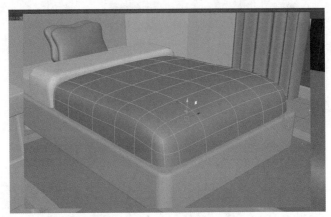

图 5 – 110　被子材质效果图

15. 选择被角模型，重复上述步骤 11 ~ 13，效果如图 5 – 111 所示。

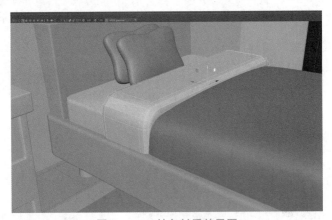

图 5 – 111　被角材质效果图

16. 选择床垫模型，长按鼠标右键，选择"指定现有材质"→"blinn2"，如图 5 – 112 所示，效果如图 5 – 113 所示。

17. 选择枕头模型，长按右键，选择"指定现有材质"→"blinn6"，如图 5 – 114 所示。

18. 选中床架模型，重复上述步骤 11 ~ 13，为其添加新的"blinn"材质，效果如图 5 – 115 所示。

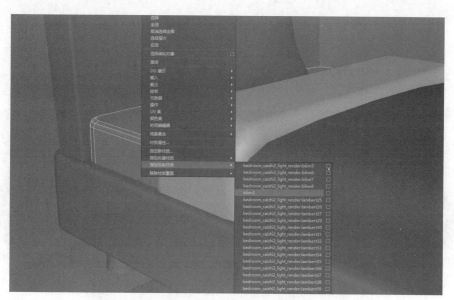

图 5－112　指定现有材质

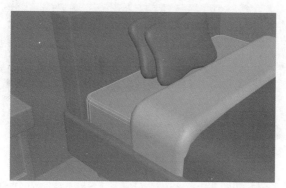

图 5－113　床垫材质效果图

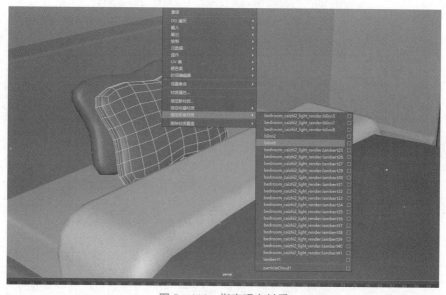

图 5－114　指定现有材质

19. 选中左侧台灯和柜子的模型，为其添加"Lambert"材质，最终效果如图 5 – 116 所示。

图 5 –115　床的最终效果图　　　　图 5 –116　台灯与柜子材质效果图

20. 选中地毯模型，单击工具栏下方的"单独显示"，如图 5 – 117 所示。

图 5 –117　单独显示

21. 按住鼠标右键，鼠标向下滑动，选择面模式，按住鼠标左键拖动，选择除外圈面外的所有内部的面，然后使用 Shift + 左键框选的方式反选最外圈的面，如图 5 –118 所示。

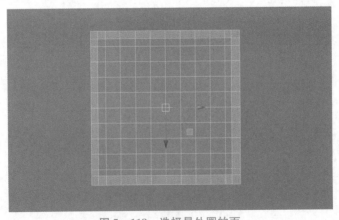

图 5 –118　选择最外圈的面

22. 单击鼠标右键，为其添加一个新材质"Lambert"，如上述步骤 1 ~ 5，地毯的效果图如图 5 – 119 所示。

图 5 - 119　地毯材质效果图

23. 选中最上面的天花板，为其添加"Lambert"材质，如上述步骤 1 ~ 5，整个场景的最终效果图如图 5 - 120 所示。

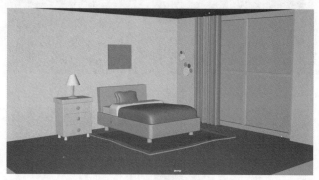

图 5 - 120　场景最终效果图

任务二　UV 与贴图制作

技能目标

本任务通过案例来学习如何使用 UV 与贴图，重点是要让学生学会 UV 与贴图的制作方法，并能够具备基础掌握 UV 与贴图的方法。

任务描述

本案例的主要任务是学习 UV 以及贴图的使用方法，并能够通过 UV 与贴图对材质进行调整，让材质的外观看起来自然协调，像现实中的纹样，如图 5 - 121 所示。

图 5 - 121　UV 与贴图效果图

案例制作

1. 运行 Autodesk Maya 2017，选中地毯，如图 5 – 122 所示，单击上方的"单独显示"，如图 5 – 123 所示。

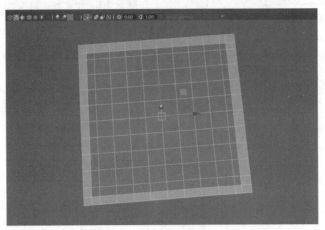

图 5 – 122　地毯

图 5 – 123　单独显示

2. 在顶视图中框选粉色圈中的面，如图 5 – 124 所示。

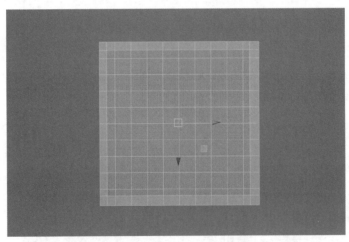

图 5 – 124　框选面

3. 长按右键，在菜单中选择"指定新材质"命令，单击"指定新材质"，单击"Lambert"，如图 5 – 125 和图 5 – 126 所示。

4. 之后会在右侧显示 Lambert "属性编辑器"，单击添加属性，如图 5 – 127 所示。单击"棋盘格"，如图 5 – 128 所示。

5. 效果如图 5 – 129 所示。

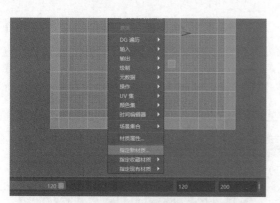

图 5 – 125　指定新材质

图 5 – 126　单击 Lambert

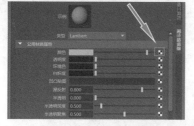

图 5 – 127　添加属性

图 5 – 128　棋盘格

图 5 – 129　效果显示

6. 单击右边棋盘格属性编辑器的颜色 2，然后调整 "RGB" 三个数值，如图 5 – 130 和图 5 – 131 所示。

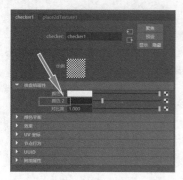

图 5 – 130　属性

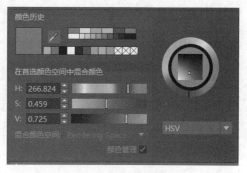

图 5 – 131　RGB

7. 单击右边棋盘格属性编辑器的颜色 1，然后调整 "RGB" 三个数值，如图 5-132 和图 5-133 所示。

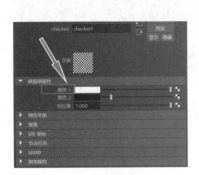

图 5-132　属性

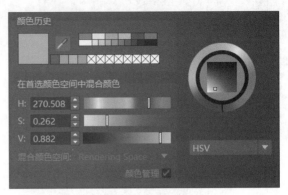

图 5-133　RGB

8. 长按空格键，选择 "顶视图"，选中粉色框中的面，如图 5-134 所示。

图 5-134　框选

9. 在 Maya 软件左上角的模块选择中选择 "建模" 模块，然后单击上方建模中的 "UV" 命令，并选择 "平面" 右边的小方框，如图 5-135 和图 5-136 所示。

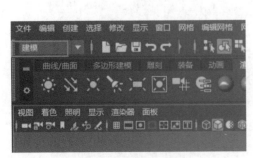

图 5-135　选择建模模块

图 5-136　选择 "平面"

10. 单击之后会显示"平面映射选项"，修改"投影源"中的 Y 轴且应用，如图 5 – 137 和图 5 – 138 所示。

图 5 – 137　平面映射选项

图 5 – 138　框选中间

11. 单击上方的"窗口"，选择"建模编辑器"中的"UV 编辑器"，如图 5 – 139 和图 5 – 140 所示。

图 5 – 139　UV 编辑器

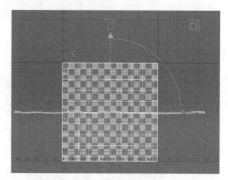

图 5 – 140　UV 编辑器显示图

12. 按住 Alt + 右键放大，适当调整。单击控制器放大或缩小，直到调到合适的位置，如图 5 – 141 和图 5 – 142 所示。

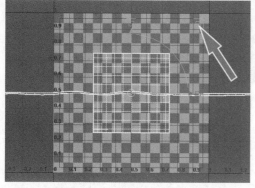

图 5 – 141　调整 UV 编辑器

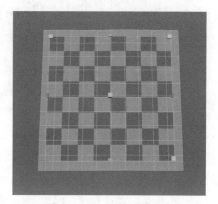

图 5 – 142　调整缩放大小

13. 调整之后，最终效果图如图 5 – 143 所示。

图 5 – 143　完成效果图

14. 再次单击"单独显示"按钮，将场景重新显示，再次单击"单独显示"，如图 5 – 144
和图 5 – 145 所示。

图 5 – 144　再次单击"单独显示"按钮

图 5 – 145　显示场景中的所有模型

15. 单击场景中床上面的画框，再次使用"单独显示"，如图 5 – 146 所示。

16. 长按鼠标右键，往下滑到"指定新材质"，如图 5 – 147 所示。

17. 在新材质中单击"Lambert"，换成新材质，如图 5 – 148 所示。

18. 在右侧"Lambert"属性编辑器中，将"漫反射"调整为 1，如图 5 – 149 所示。

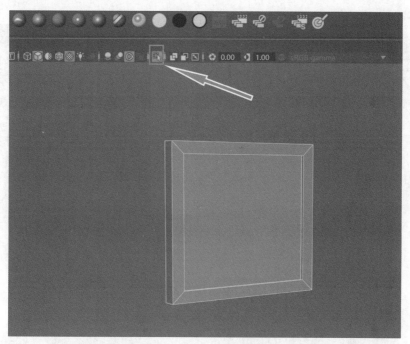

图 5-146 单独显示

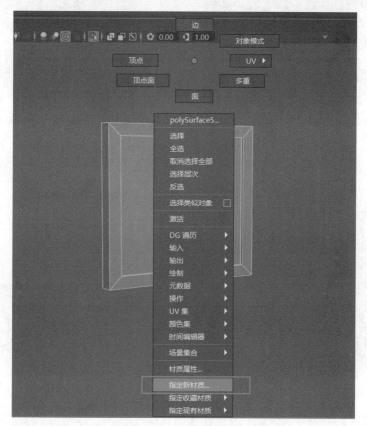

图 5-147 指定新材质

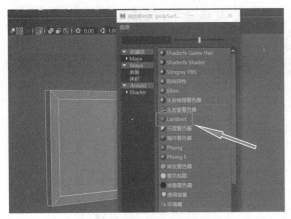

图 5 - 148　选择新材质

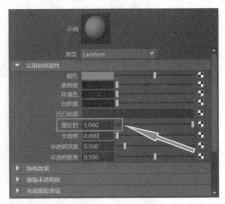

图 5 - 149　调整漫反射

19. 单击"Lambert"属性编辑器里"颜色"旁边的黑白格,再次打开"新材质",单击"文件",如图 5 - 150 和图 5 - 151 所示。

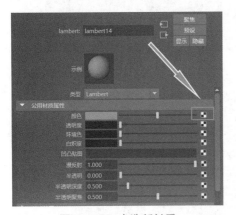

图 5 - 150　点选新材质

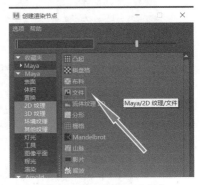

图 5 - 151　单击"文件"

20. 单击文件属性编辑器中图像名称右边的文件夹,寻找自己存放材质的位置,找到之后打开,如图 5 - 152 和图 5 - 153 所示。

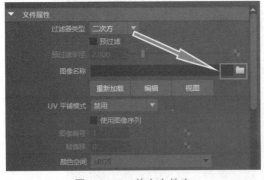

图 5 - 152　单击文件夹

图 5 - 153　打开

21. 找到之后,需要修改位置、方向错误的材质。打开"建模"模块中的"UV"菜单,往下滑动到"平面",单击右面的方框进行修改,将"投影源"的 Y 轴改为 X 轴,即可调好材质位置，如图5-154~图5-157所示。

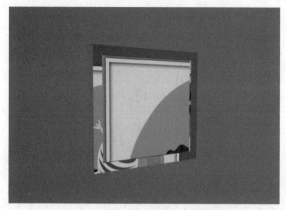

图 5-154　错误贴图

图 5-155　UV 中的平面

图 5-156　修改平面

图 5-157　最终效果

22. 修改完成后，再次单击"单独显示"将场景打开，得到最终效果，如图5-158所示。

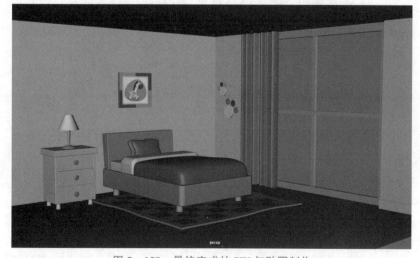

图 5-158　最终完成的 UV 与贴图制作

任务三 后期合成

本任务通过案例来学习如何使用 Photoshop 进行后期合成，重点是要让学生学会利用 Photoshop 进行后期处理，并能够具备 Photoshop 基础操作的能力。

本案例的主要任务是学习 Photoshop 以及后期合成的方法，并能够利用 Photoshop 进行后期调整，让整体美观，如图 5 – 159 所示。

图 5 – 159　后期合成效果图

1. 运行 Adobe Photoshop，将素材图导入，置于图层下方，如图 5 – 160 所示。

图 5 – 160　导入素材

2. 在工具栏中选择"滤镜"→"模糊"→"高斯模糊"，如图 5 – 161 所示。

3. 半径值改为 1.2 像素，如图 5 – 162 所示。

4. 将图层复制一个新的图层，并单击"图像"→"调整"→"色阶"更改参数，如图 5 – 163 和图 5 – 164 所示。

5. 将参数改为 0、1.08、213，如图 5 – 165 所示。

6. 使用多边形套索工具选择上方天花板，如图 5 – 166 和图 5 – 167 所示。

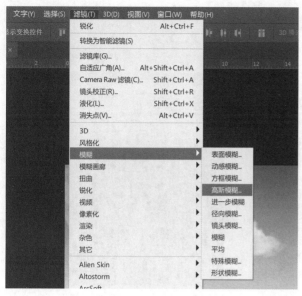

图 5 -161　选择"高斯模糊"

图 5 -162　更改参数

图 5 -163　复制图层

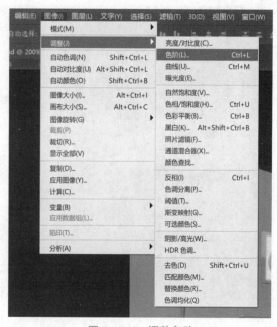

图 5 -164　调整色阶

7. 单击工具栏中"图像"→"调整"→"色相/饱和度"进行调整，如图 5 -168 和图 5 -169 所示。

8. 将明度改为 +15，如图 5 -170 所示。

9. 最后进行保存，最终效果如图 5 -171 所示。

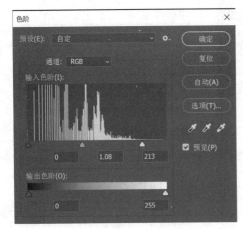

图 5 – 165　参数调整

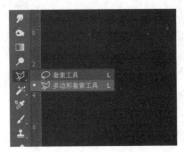

图 5 – 166　多边形套索工具

图 5 – 167　选择范围

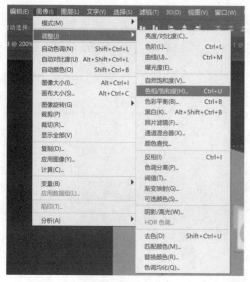

图 5－168　属性

图 5－169　色相/饱和度面板

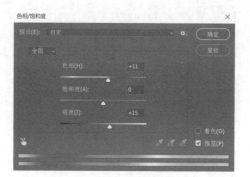

图 5－170　更改数值

图 5－171　最终效果

模块小结

通过本模块的学习，同学们可以了解到室内场景模型的基本制作流程。模型制作流程是较为复杂的，因此需要同学们制作模型的时候要细心对待。本模块学习了多边形建模、曲线生成实体、UV 贴图、后期合成等方法和技巧，这些知识将为下一模块的场景制作打下良好的基础。

拓展练习

如图 5 – 172 所示。

图 5 – 172　拓展练习

模块六
夕阳下的城堡场景制作

【知识目标】

1. 了解场景的制作流程★
2. 掌握复杂模型的分析方法★★
3. 掌握城堡模型制作的布局和比例★★★
4. 掌握城堡的灯光布置技法★★★
5. 掌握城堡的最终渲染方法★★★

【技能目标】

本模块通过制作夕阳下的卡通风格的城堡场景模型培养学生制作综合场景的能力。本案例包含了模型制作、UV 展开、材质制作、灯光渲染等制作三维场景需要的所有流程，重点培养学生对复杂综合场景的制作能力。

【素养目标】

树立三维场景规范制作职业素养；培养精益求精的三维模型制作工匠精神；培养学生三维场景制作思维和创新能力；培养学生发现问题和解决问题的能力；培养学生沟通表达、小组合作的能力。

项目一 案例分析

场景制作流程

在制作较为复杂的场景模型的时候，需要将制作的模型进行构思，分为几个模块来做，比如首先制作主体模型，其次制作该模型的附属物件，接着制作周围的环境，然后对部分细节进行处理，最后再调整整体结构的比例大小。本案例制作一个城堡场景，如图 6−1 和图 6−2 所示。

图 6 – 1　城堡效果

图 6 – 2　城堡模型

项目二　案例制作——模型制作

任务一　城堡主体制作

技能目标

本案例学习如何制作城堡的主体模型，重点让学生掌握城堡模型的制作思路和多边形制作工具的应用技法。

任务描述

本案例的主要任务是制作城堡的主体模型，重点制作城堡整体比例和细节模型，模型布线合理，结构准确，符合参考图的要求，如图 6 – 3 所示。

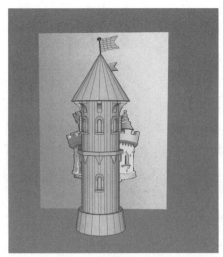

图 6 – 3　城堡主体模型

制作思路

首先导入参考图，开始制作城堡的主体模型，根据比例分段细化各处的细节模型，再制作顶端的旗子，最后调整完成城堡主体模型。

案例制作

1. 新建项目，按空格键进入"前视图"，将素材图片导入 Maya 场景中，单击"视图"→"图像平面"→"导入图像"，选择相应的图片，如图 6-4 所示。

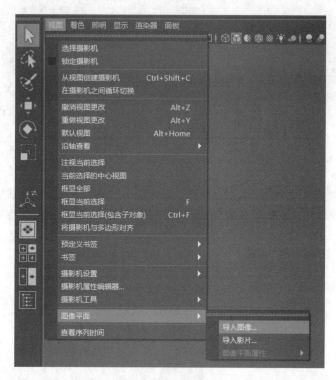

图 6-4 导入素材

2. 按空格键进入"透视图"，使用"移动"工具调整素材图片的 Z 轴位置，按 Ctrl + D 组合键复制图片，将图片沿着 Y 轴旋转 90°，然后移动至图 6-5 所示位置。

3. 框选两张图片，单击右下角的 ◀ 按键，将两张图片放在一个层里面，并且将"R"点开，如图 6-6 所示，这样在场景中就可以看到图片但是不能选中图片。

4. 首先制作城堡外墙：按空格键进入"前视图"，建立一个圆柱体，单击"缩放"→"移动"，将圆柱体调整至如图 6-7 所示位置。注意，要参考素材的大小。

5. 制作城堡墙壁的底部：复制外墙壁，单击"缩放"选项将外墙壁 Y 轴缩小，然后将 X、Z 轴放大，底部与外墙壁底部重合，长按鼠标右键，进入"点"级别，选中上面一圈点，进行缩放，如图 6-8 所示。

6. 继续复制圆柱体，将圆柱体沿着 Y 轴缩放，将边数改为 8，然后移动到如图 6-9 所示位置，单击"旋转"选项，沿着 Y 轴旋转 45°。

图 6-5　调整素材

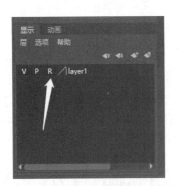

图 6-6　添加层

图 6-7　调整

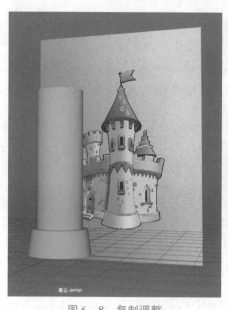

图6-8 复制调整

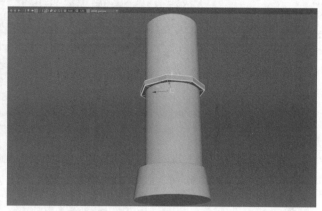

图6-9 调整模型位置

7. 接着制作城堡上的三角形砖瓦：首先建立一个立方体，使用"缩放"命令将立方体挤扁，然后鼠标右击，进入"点"级别，框选下方的点，单击"缩放"，按照素材比例、位置进行缩放和移动，如图6-10所示。

图6-10 编辑立方体

8. 选中立方体，鼠标右击，进入"边"级别，选中上边，按住 Ctrl + 鼠标右键，选择"环形边工具"→"到环形边并分割"，在立方体中间加入一条边，如图6-11所示。

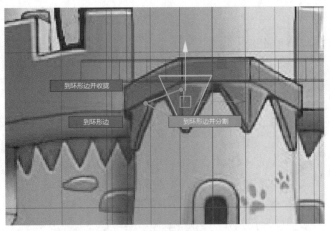

图 6 – 11　添加环形边

9. 单击鼠标右键，进入"点"级别，框选周围的点，将模型进行形状细化，如图 6 – 12 所示。单击"移动"按钮，将模型移动至八边形的下方，如图 6 – 13 所示。

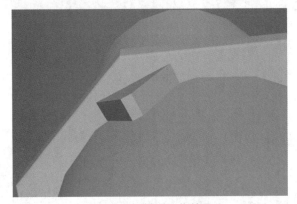

图 6 – 12　模型细化效果

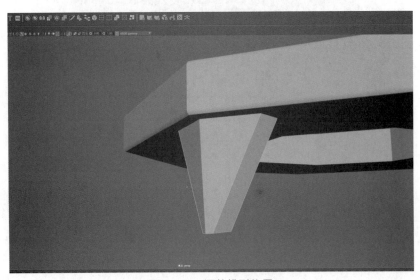

图 6 – 13　调整模型位置

10. 按空格键进入顶视图，将 ▦ 按钮打开，变成实体 + 线框显示。选中刚才的立方体，按 D + V 组合键，将坐标轴吸附到如图 6 – 14 所示位置。

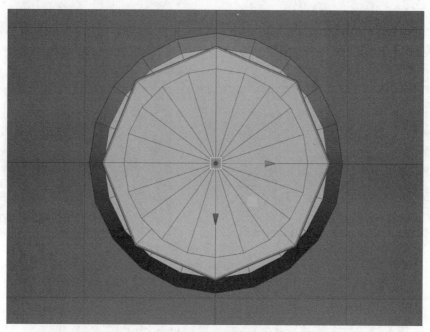

图 6 – 14　设置轴心点

11. 按空格键进入透视图，按 Ctrl + D 组合键进行复制，沿着 Y 轴旋转 45°，如图 6 – 15 所示。接着按 Shift + D 组合键进行重复复制，微微调整位置，如图 6 – 16 所示。

图 6 – 15　等距复制零件

12. 接下来制作城堡顶部模型，新建一个多边形圆锥体，使用"移动"→"缩放"命令调整至如图 6 – 17 所示位置，注意参考素材图片。

图 6 – 16　复制完成

图 6 – 17　创建圆锥体

13. 按住鼠标右键进入"面"级别，选择最底下的一个面，按住 Shift + 鼠标右键进行"挤出面"命令，使用"缩放"命令进行缩小操作，如图 6 – 18 所示。

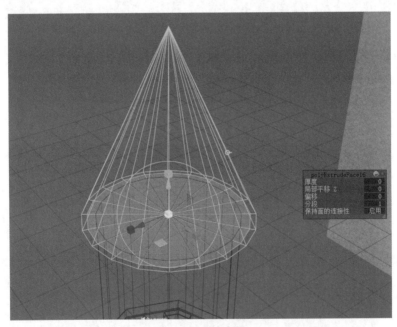

图 6 – 18　挤出面

14. 长按鼠标右键，进入"边"级别，并为塔尖添加一条环形边，将边向上拖动，使城堡顶部不至于太尖锐，如图 6 – 19 和图 6 – 20 所示。

15. 接下来制作城堡房顶下面的砖块：首先新建一个立方体，按鼠标右键进入"点"级别，框选右侧的点，选择"移动"，调整至如图 6 – 21 所示位置。

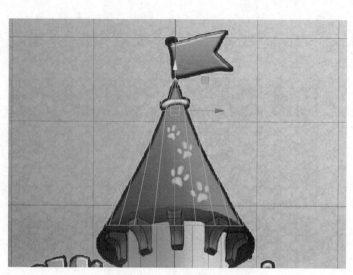

图 6 - 19　为模型添加边

图 6 - 20　调整塔尖边的位置

图 6 - 21　创建立方体并调整点的位置

16. 鼠标右击，进入"边"模式，按住 Ctrl + 鼠标右键，选择"环形边工具"→"到环形边并分割"，加入如图 6 – 22 所示的线，选择不需要的线条，按 Shift + 鼠标右键，选择"删除边"命令，如图 6 – 23 所示。

图 6 – 22　加线

图 6 – 23　删除线

17. 鼠标右击，进入"点"级别，框选右下角的点，按"移动"，调整到如图 6 – 24 所示位置。

图 6 – 24　调整

18. 鼠标右击，进入"边"级别，选中如图6-25所示的线，按住 Shift + 鼠标右键选择"倒角"工具，调整"分段"→"分数"至合适位置，如图6-26所示。

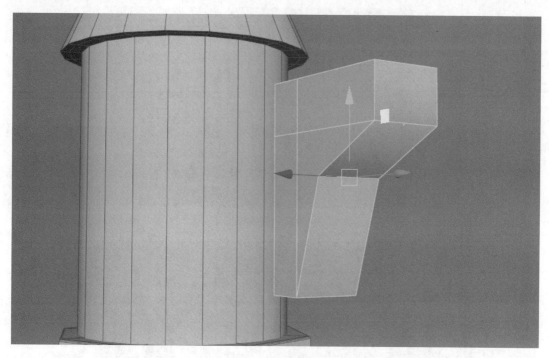

图6-25　选择边

图6-26　倒角

19. 鼠标右击，进入"对象"级别，按"移动"→"缩放"，将砖块调整到如图 6 – 27 所示位置，按空格键进入顶视图，按 D + V 组合键将坐标轴移至如图 6 – 28 所示位置。

图 6 – 27　移动位置

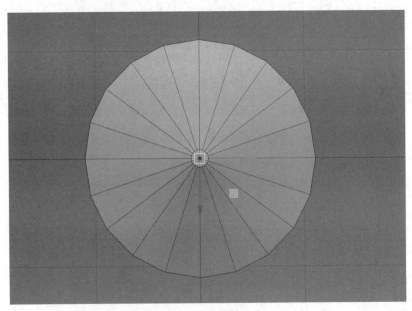

图 6 – 28　设置轴心点

20. 按空格键进入"透视图"，按 Ctrl + D 组合键复制一个砖块，沿着 Y 轴旋转 45°，接着按 Shift + D 组合键进行复制，如图 6 – 29 所示。

21. 接着制作城堡的窗户。首先新建一个多边形管道，将多边形管道按"移动"→"缩放"→"旋转"移至如图 6 – 30 所示位置。

22. 鼠标右击，进入"面"级别，框选下面一半的面，按 Delete 键删除，如图 6 – 31 所示。

23. 按 4 键显示线框，双击"移动"选项，将"对称设置"打开，将"对称"中的"禁用"改为"对象 X"，这样就可以对称选择，按鼠标右击，进入"点"级别，参考素材图片调整点的位置，如图 6 – 32 所示。

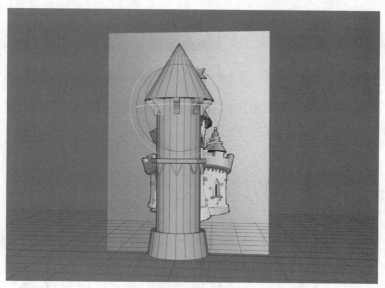

图 6 - 29　等距复制完成

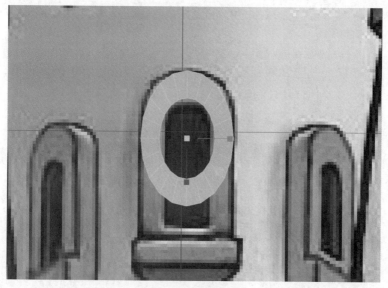

图 6 - 30　创建模型

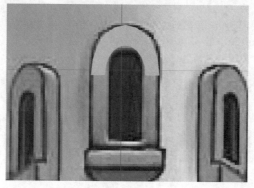

图 6 - 31　删除一半

图 6 - 32　调整

24. 鼠标右击，进入"边"级别，双击最下面的边，按 Shift + 鼠标右键，选择"挤出边"命令，按"移动"向下挤出，重复三次，然后按 Shift + 鼠标右键，选择"填充洞"命令，效果如图 6 - 33 所示。

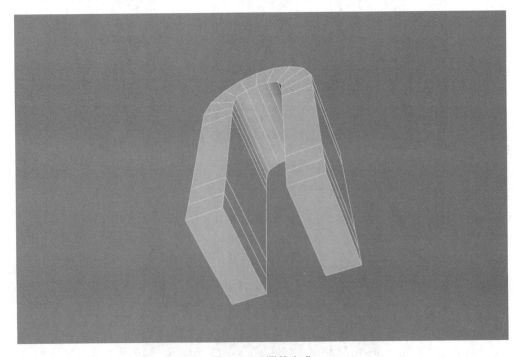

图 6 - 33　调整完成

25. 双击"移动"工具，将"对称设置"中的"对称"改为"禁用"，如图 6 – 34
所示。

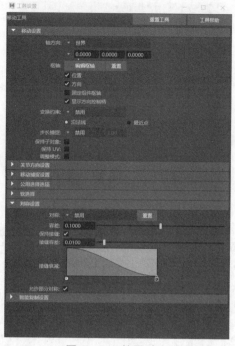

图 6 – 34 禁用对称

26. 选择如图 6 – 35 所示的面，按 Shift 键加选和其相对的面，按 Shift + 鼠标右键，选择
"桥接面"命令。

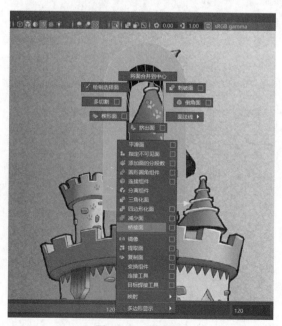

图 6 – 35 桥接面

27. 选择如图 6 – 36 所示的面，按住 Shift + 鼠标右键，执行"挤出面"命令，效果如图 6 – 37 所示。

图 6 – 36　选择桥接后的面

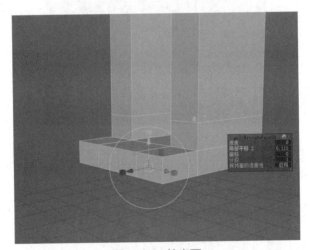

图 6 – 37　挤出面

28. 按"移动"→"缩放"，调整窗户模型至如图 6 – 38 所示位置。

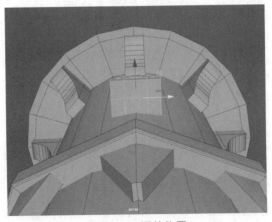

图 6 – 38　调整位置

29. 选中模型，单击"变形"→"晶格"命令，将模型加上晶格。更改右侧属性栏中的 S 分段数、T 分段数、U 分段数分别设置为 5、3、4，如图 6-39 和图 6-40 所示。

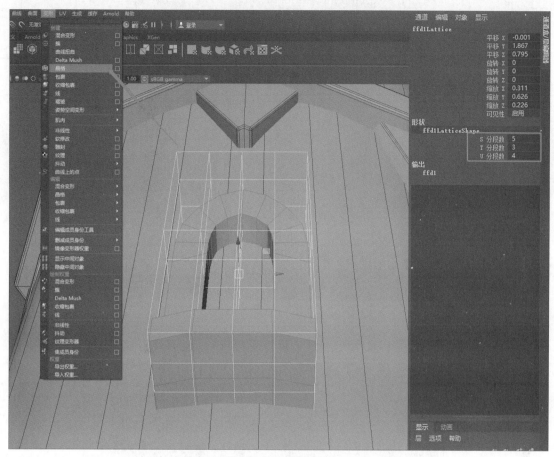

图 6-39 晶格变形

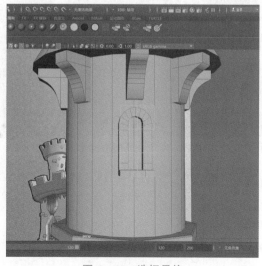

图 6-40 选择晶格

30. 选中晶格框，鼠标右键向上，选择晶格点，如图 6 – 41 所示。

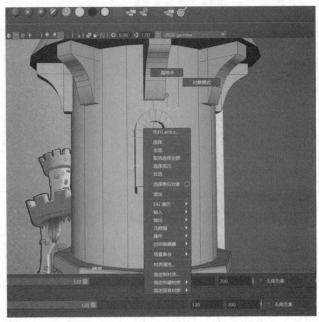

图 6 – 41 选择晶格点

31. 框选点，进行调整，如图 6 – 42 所示。

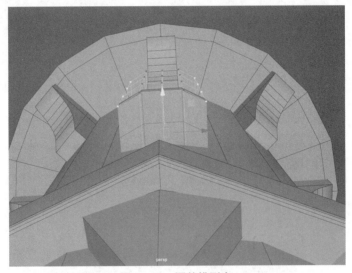

图 6 – 42 调整模型点

32. 选择窗户模型，按 Ctrl + D 组合键进行复制，选择 "修改" 中的 "冻结变换"，然后把模型 "移动" 出来，删掉原始的晶格框和窗户模型，最后选择复制出来的窗户，将右侧的移动属性全部归零，如图 6 – 43 所示。

33. 按住空格键进入顶视图，单击窗户的中心，按 D + V 组合键，吸附到如图 6 – 44 所示位置。

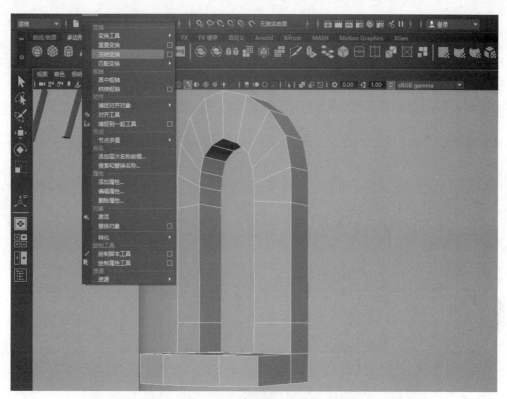

图 6 – 43 复制加冻结变换

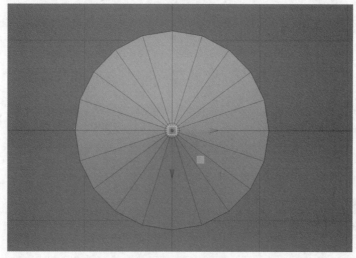

图 6 – 44 设置轴心点

34. 按住空格键切换到 "透视图"，选中窗户，按 Ctrl + D 组合键复制，沿着 Y 轴旋转 45°，接着按 Shift + D 组合键复制，如图 6 – 45 所示。

35. 选中窗户，鼠标右击，进入 "面" 级别，选中如图 6 – 46 所示的面，使用 Shift + 鼠标右键，选择 "复制面" 命令，使用 "移动" 工具把复制面进行缩放调整，如图 6 – 47 所示。

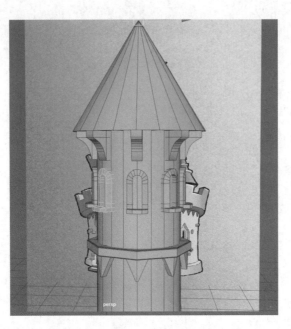

图 6 - 45　等距复制完成

图 6 - 46　选择面

36. 按 4 键显示线框（按 5 键返回实体显示），鼠标右击，进入"边"级别，选中如图 6 - 48 所示的两条边框，然后使用 Shift + 鼠标右键，选择"挤出边"命令，向外挤出，如图 6 - 49 所示。

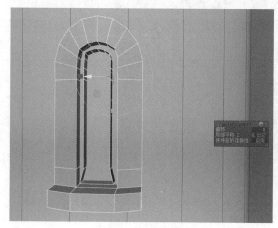

图 6 - 47 挤出调整

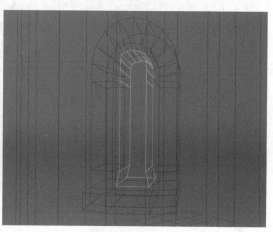

图 6 - 48 选择线

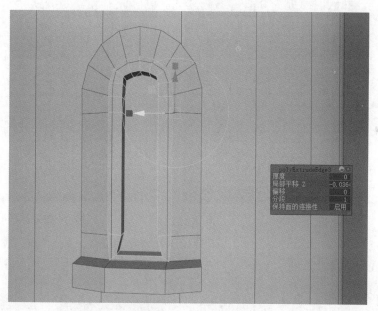

图 6 - 49 继续调整

37. 鼠标右击，进入"对象"级别，单击"修改"→"居中枢轴"命令，单击"缩放"，对模型进行挤压，如图 6 - 50 所示。

38. 鼠标右击，进入"面"级别，选中如图 6 - 51 所示的面，按 Delete 键删除。然后鼠标右击，进入"边"级别，选中如图 6 - 52 所示的边。接着按住 Shift + 鼠标右键，选择"填充洞"命令，如图 6 - 53 所示。

39. 选择窗户，单击鼠标右键，进入"边"级别，选择需要细化的边进行倒角，如图 6 - 54 所示。

图 6 - 50　缩放调整

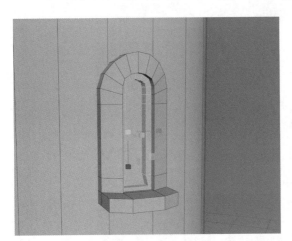

图 6 - 51　删除面

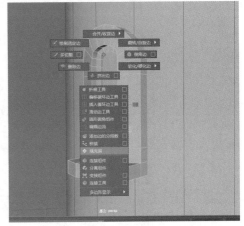

图 6 - 52　填充洞

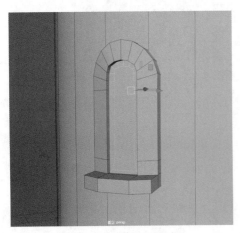

图 6 - 53　填充洞完成

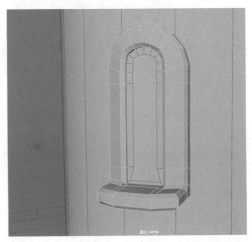

图 6 - 54　倒角

40. 选中窗户，按 Shift 键加选里面的玻璃，然后按住 Shift + 鼠标右键，选择 "结合"，接着进行复制操作，效果如图 6 - 55 所示。

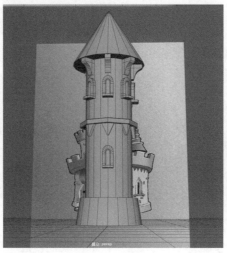

图 6 - 55 结合

41. 接下来对中间的砖块进行细化。选择模型，鼠标右击，进入 "边" 级别，使用 Shift + 鼠标右键，选择 "倒角"，如图 6 - 56 所示。

图 6 - 56 倒角

42. 使用同样的方法对下面的模型进行倒角细化处理，如图 6 - 57 所示。

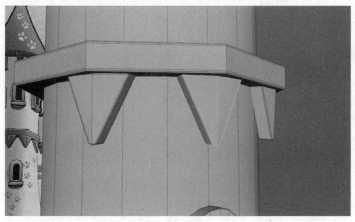

图 6 - 57 倒角形态

43. 下面对旗帜进行制作。新建一个球体，使用"移动"→"缩放"→"旋转"命令，调整至如图 6 - 58 所示位置。其中，按住 W + 鼠标左键可以切换坐标轴的对象模式和世界模式。

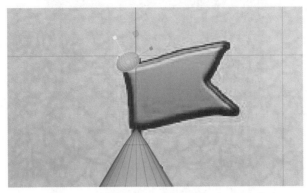

图 6 - 58　创建模型

44. 选择球体模型，长按鼠标右键，进入"面"级别，选中如图 6 - 59 所示的面，使用 Shift + 鼠标右键，选择"挤出面"命令，调整至如图 6 - 60 所示效果。

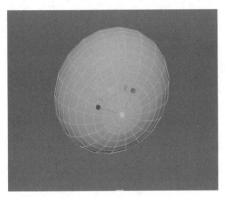

图 6 - 59　选择面

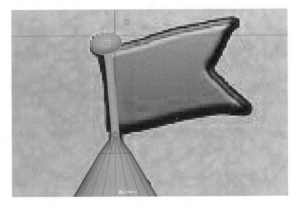

图 6 - 60　调整

45. 新建一个多边形平面，将右侧属性中的细分宽度和高度细分数改为 3，沿着 Y 轴旋转 90°，选择"移动"→"缩放"命令，调整到如图 6 - 61 所示位置。

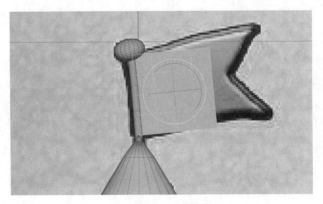

图 6 - 61　创建模型

46. 接下来选择旗子模型。为了增加细节，为其增加适当的线，然后进入"点"级别，对照参考图片对模型进行调整，效果如图 6－62 所示。要注意将点与点之间的距离调整均匀。

47. 这样城堡主体就制作完成了。效果如图 6－63 所示。

 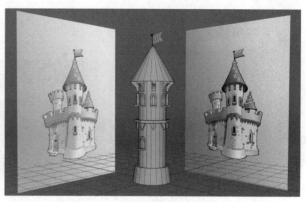

图 6－62 调整完成 　　　　　　　　图 6－63 城堡主体模型完成效果

任务二 城堡附件制作

技能目标

本案例学习如何制作城堡的附件模型，重点让学生掌握城堡附件模型的制作思路和多边形建模的应用技法。

任务描述

本案例的主要任务是制作城堡的附件模型，重点制作城堡整体比例和细节模型，要求模型布线合理，结构准确，跟模型主体风格一致，符合参考图的要求，如图 6－64 所示。

图 6－64 城堡附件模型

制作思路

首先制作城堡附件中的城墙和小城堡模型，然后整体调整位置，最后细化城墙和城堡上的细节模型，最终调整完成。

案例制作

1. 现在来做城堡的围墙。新建一个立方体，放在如图 6 – 65 所示位置，注意调整比例和大小。

图 6 – 65　创建模型

2. 制作墙裙。复制围墙，然后使用"缩放"来调整大小，调整至如图 6 – 66 所示位置。

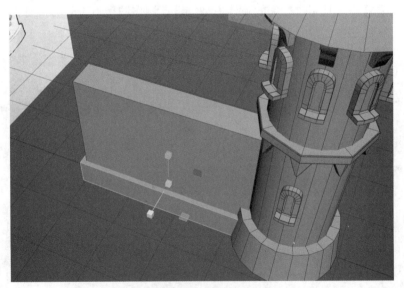

图 6 – 66　缩放调整

3. 选择制作好的墙裙，使用 Ctrl + D 组合键复制一个墙裙，向上移动并且调整好大小和位置，如图 6 –67 所示。鼠标右击，进入"线"级别，按住 Shift + 鼠标右键，选择"插入循环边工具"右边的小方框，在插入循环边设置中，将"保持位置"改为"多个循环边"，"循环边数"为 6，最终加线效果如图 6-68 所示。

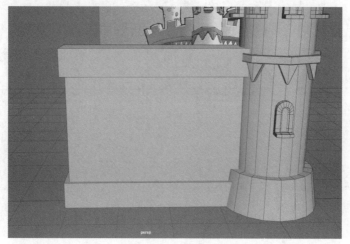

图 6-67　调整

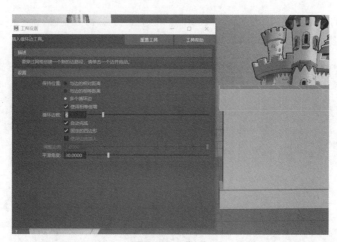

图 6-68　加线

4. 选择模型，进入"面"级别，选择如图 6-69 所示的几个面，按 Shift + 鼠标右键，选择"挤出面"命令，效果如图 6-70 所示。

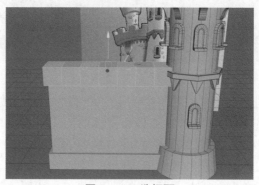

图 6-69　选择面

图 6 – 70 挤出调整

5. 全选所有的围墙模型，按 Ctrl + G 组合键进行打组操作，选择 "修改"→"居中枢轴"，将中心放在模型中间，如图 6 – 71 所示。

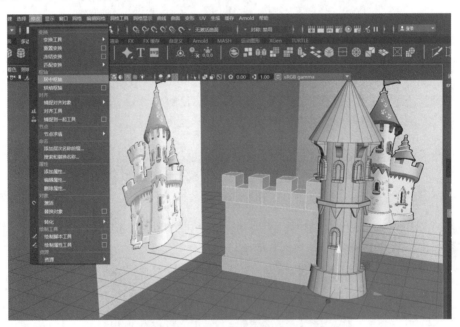

图 6 – 71 打组

6. 按 Ctrl + D 组合键复制一个城墙，然后旋转 90°作为侧面的城墙，如图 6 – 72 所示。

7. 新建一个立方体，使用 "缩放" 工具和 "移动" 工具将模型移动到围墙顶的下方，鼠标右击，进入 "点" 级别，将模型调整至如图 6 – 73 所示位置和形状。按 Ctrl + D 组合键进行复制，首先把复制出来的模型移动到相应位置，然后按 Shift + D 组合键进行重复复制，这样复制出来的模型就会自动按照相同距离排列，如图 6 – 74 所示。

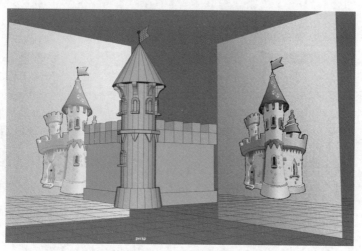

图 6 – 72 复制城墙

图 6 – 73 制作三角形模型

图 6 – 74 等距复制并调整模型

8. 用同样的方法把侧面的也做出来，如图 6 – 75 所示。

图 6 – 75　墙裙完成

9. 接下来做附属的两个小城堡：首先建立两个多边形圆柱体，使用"移动"→"缩放"命令，放置到如图 6 – 76 所示位置并调整比例。

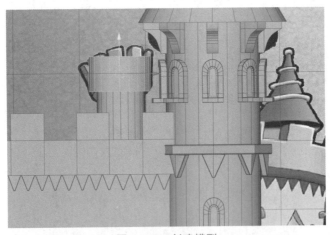

图 6 – 76　创建模型

10. 选择模型，使用鼠标右击，进入"面"级别，选择如图 6 – 77 所示的几个面，然后使用 Shift + 鼠标右键，选择"挤出面"命令，使用"缩放"命令进行微小的缩放，如图 6 – 78 所示。

11. 鼠标右击，进入"面"级别，选择如图 6 – 79 所示的几个面，按 Shift + 鼠标右键，选择"挤出面"命令，设置适当的挤出高度，并调整模型位置，如图 6 – 80 所示。

图 6 – 77　选择面

图 6 – 78　缩放调整

图 6 – 79　选择面

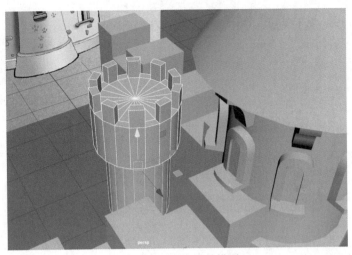

图 6 - 80　挤出调整模型

12. 接下来做另外一个附属城堡。按 Ctrl + D 组合键复制出一个多边形圆柱体，观察素材的位置，将圆柱体放在合适位置，然后按 Ctrl + D 组合键复制城堡的屋顶，也就是多边形圆锥体，把两个多边形进行组合，就成了附属城堡。其中，注意使用鼠标右击，进入"点"级别，调整整体大小。效果如图 6 - 81 所示。

图 6 - 81　调整附属城堡屋顶和整体位置

13. 选择城堡的围墙，注意不要少选，也不要多选。按 Ctrl + G 组合键打组，然后单击"修改"→"居中枢轴"按钮，按 Ctrl + D 组合键复制一个，使用 Z 轴移动位置作为城堡的另一面墙，如图 6 - 82 所示。使用同样的方法将围墙做完整，如图 6 - 83 所示。

14. 制作城堡围墙的封顶。新建一个多边形平面，在右侧属性中将细分宽度和高度细分数都改成 1。使用"移动"→"缩放"命令将多边形调整至如图 6 - 84 和图 6 - 85 所示位置。

15. 接下来做门。选择城堡的墙壁，鼠标右击，进入"边"级别，按 Shift + 鼠标右键，使用"插入循环边工具"插入如图 6 - 86 所示的几条边。按 Shift + 鼠标右键，选择"多切割"工具，参考图 6 - 87 进行切割。按 Enter 键完成切割，按 Q 键退出切割工具的使用。

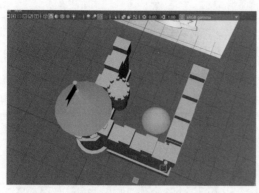

图 6 – 82　复制城墙

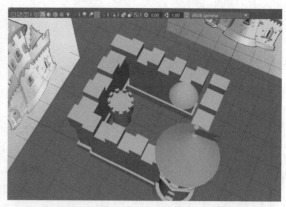

图 6 – 83　复制完成

图 6 – 84　新建平面

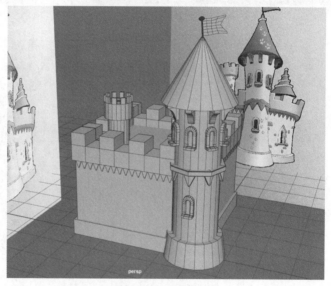

图 6 – 85　调整位置

图 6 – 86　插入边的最终效果

16. 鼠标右击，进入"面"级别，选择如图 6 – 88 所示的几个面，按 Shift + 鼠标右键，选择"挤出面"命令，按"移动"键将面向里挤出，如图 6 – 89 所示。

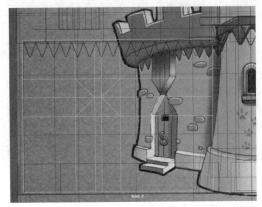

图 6 – 87　多切割

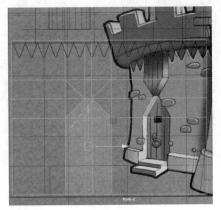

图 6 – 88　选择面

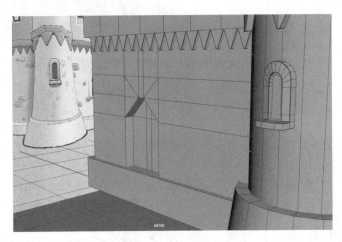

图 6 – 89　挤出调整

17. 鼠标右击，进入"面"级别，将如图 6 – 90 所示的面使用 Delete 键删除。注意，要删除干净。

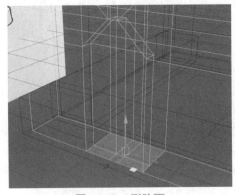

图 6 – 90　删除面

18. 选择如图 6 – 91 所示的几个面，按 Shift + 鼠标右键，选择"挤出面"命令，按"移动"键向外挤出，然后把重叠的几个三角形模型删除，如图 6 – 92 所示。

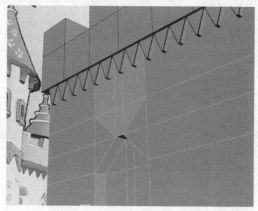

图 6 – 91 选择面

图 6 – 92 挤出调整

19. 现在制作两级阶梯。首先选择墙裙，鼠标右击，进入"边"级别，使用 Shift + 鼠标右键，选择"插入循环边工具"，插入如图 6 – 93 所示的两条边。按 Q 键返回选择模式，鼠标右击，进入"面"级别，框选如图 6 – 94 所示的面，按 Delete 键删除。

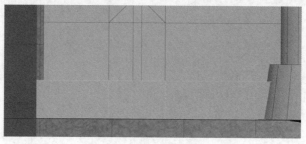

图 6 – 93 插入边

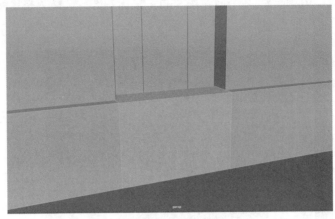

图 6 - 94　删除面

20. 删除之后会出现两个洞，选择周围的四条边，按 Shift + 鼠标右键，使用"填充洞"工具进行填充，如图 6 - 95 所示。

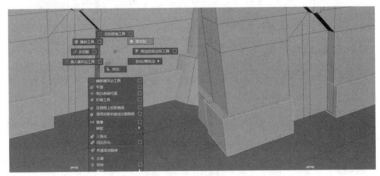

图 6 - 95　填充洞

21. 开始制作阶梯。新建一个立方体，调整大小至如图 6 - 96 所示位置。鼠标右击，进入"边"模式，单击如图 6 - 96 所示的边，按 Ctrl + 鼠标右键，选择"环形边工具"→"到环形边并分割"，如图 6 - 97 所示。

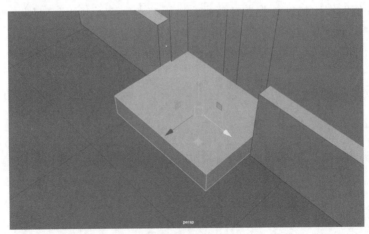

图 6 - 96　选择边

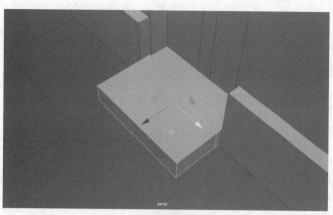

图 6 – 97　使用环形边工具

22. 鼠标右击，进入"面"级别，选中面，按 Shift + 鼠标右键，选择"挤出面"命令，使用"移动"键向上挤出面，如图 6 – 98 所示。

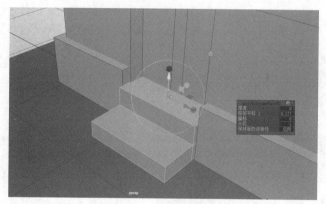

图 6 – 98　挤出调整

23. 下面制作侧面的窗户。按空格键进入"侧视图"，选中侧面的墙，鼠标右击，进入"边"级别，使用按 Shift + 鼠标右键，选择"插入循环边工具"，加入如图 6 – 99 所示的几条边，然后按 Shift + 鼠标右键，选择"多切割"工具进行切割，如图 6 – 100 所示。

图 6 – 99　插入循环边

图 6 - 100　多切割

24. 按空格键进入"透视图",选择如图 6 - 101 所示的几个面,按 Shift + 鼠标右键,选择"挤出面"命令,使用"移动"命令向里挤出,如图 6 - 102 所示。

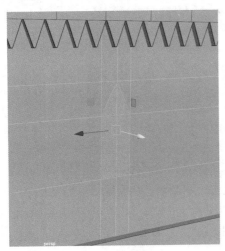

图 6 - 101　选择面

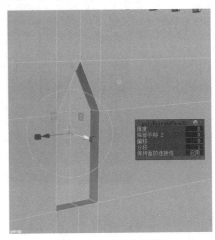

图 6 - 102　挤出调整

25. 按空格键进入"侧视图",新建一个立方体,放在如图 6 - 103 所示的侧面窗户的下方,按鼠标右键,进入"边"级别,选中一边,然后按 Ctrl + 鼠标右键,选择"环形边工具"→"到环形边并分割",在中间加一条线。按鼠标右键,进入"面"级别,选择左侧的面,按 Shift + 鼠标右键,选择"挤出面"命令,使用"移动"命令向外挤出,移动,不断重复,直到达到如图 6 - 104 所示效果。中间也可使用 Shift + 鼠标右键,使用"插入循环边"命令进行处理。

26. 按空格键进入"透视图",按鼠标右键,进入"面"级别,将不需要的面按 Delete 键删除,如图 6 - 105 所示。

27. 选中模型,按 Ctrl + D 组合键复制,使用"旋转"工具沿着 Y 轴旋转 180°,框选两个模型,按 Shift + 鼠标右键,选择"结合"命令,将两个模型结合成一个。鼠标右击,进入"点"级别,框选中间的点,使用 X 轴"缩放"到最小,然后按 Shift + 鼠标右键,选择"合并顶点"→"合并顶点"选项,如图 6 - 106 所示。

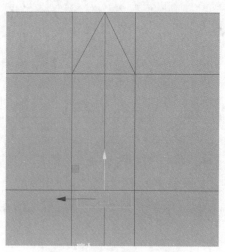

图 6 – 103 创建模型调整

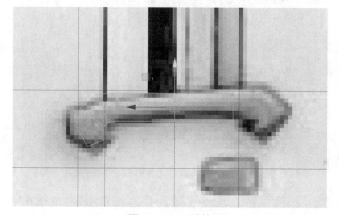

图 6 – 104 调整

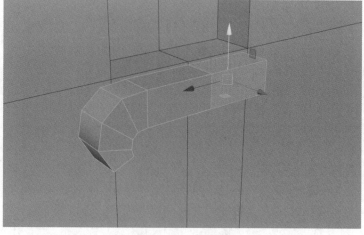

图 6 – 105 删除面

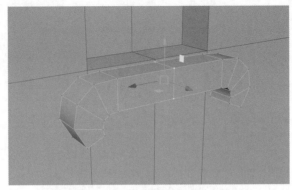

图 6-106　镜像模型并且合并点

28. 按 Ctrl + 鼠标右键，选择"环形边工具"→"到环形边并分割"工具，加入如图 6-107 所示的两条环形边。

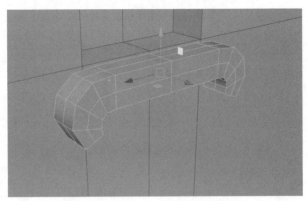

图 6-107　加入环形边

29. 双击两条边，使用"缩放"命令，使其看起来很饱满，如图 6-108 所示。按 Ctrl + 鼠标右键，选择"环形边工具"→"到环形边并分割"工具，在中间加入两条边，并调整形状，如图 6-109 所示。

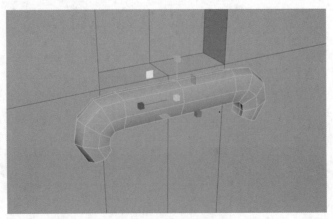

图 6-108　调整形体

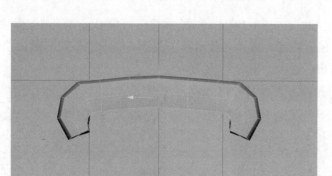

图 6 – 109　模型调整完成

30. 使用"移动"→"旋转"命令，将模型调整到如图 6 – 110 所示的窗户下方。

31. 按空格键进入"侧视图"，按 Shift + 鼠标右键，使用"多切割"工具切割线，并调整点的位置，如图 6 – 111 和图 6 – 112 所示。其中，按住 Shift 键即可自动选择线段的中心。

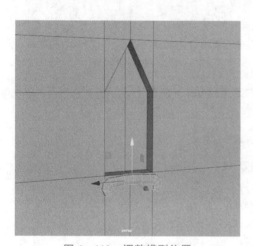

图 6 – 110　调整模型位置

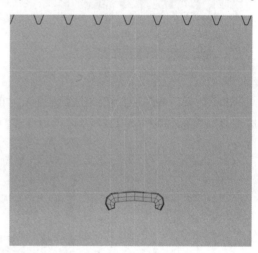

图 6 – 111　等边多切割

32. 按鼠标右键，进入"点"级别，调整点，如图 6 – 113 所示。

图 6 – 112　多切割加线

图 6 – 113　点调整

33. 鼠标右击，进入"面"级别，选择如图 6 – 114 所示的几个面，按空格键进入"透视图"，按 Shift + 鼠标右键，选择"挤出面"命令，使用"移动"键向里挤出面，如图 6 – 115 所示，鼠标右击，进入"对象"级别。

图 6 – 114 选择面

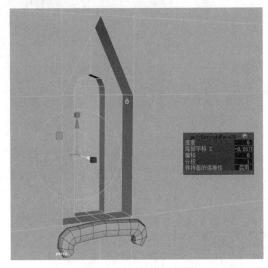

图 6 – 115 挤出面调整

34. 选择门的模型，按住空格键进入"前视图"，按 Shift + 鼠标右键，选择"插入循环边工具"，插入如图 6 – 116（a）所示的边，并调整点的位置，如图 6 – 116（b）所示。

（a）

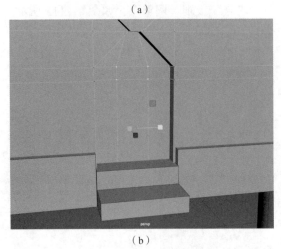

（b）

图 6 – 116 插入循环边（a）和调整点（b）

35. 鼠标右击，进入"面"级别，选择如图 6 – 117 所示的面，按 Shift + 鼠标右键，单击"挤出面"命令，按"移动"键向里挤出，如图 6 – 118 所示。然后单击鼠标右键，选择"对象模式"退出"面"级别。

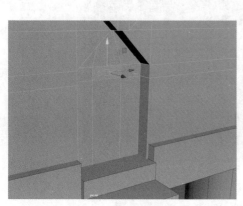

图 6 – 117　选择面

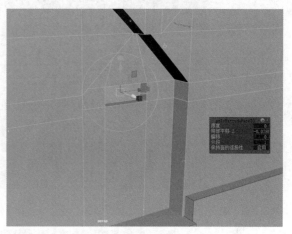

图 6 – 118　挤出面

36. 现在进行门把手的制作。新建一个多边形圆环，将右侧属性中的"横截半径"改为 0.3，"轴向细分数"和"高度细分数"改为 18，使用"移动"→"缩放"→"旋转"命令将其放置在门上，如图 6 – 119 所示。

37. 按 Ctrl + D 组合键复制圆环，将圆环使用"缩放"→"旋转"→"移动"命令放置到如图 6 – 120 所示位置。

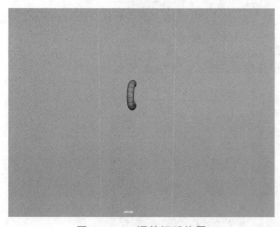

图 6 – 119　调整把手位置

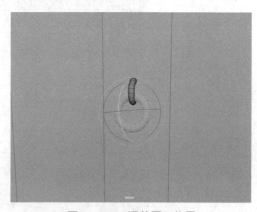

图 6 – 120　调整圆环位置

38. 此时城堡的主体模型制作完成，下面整理模型信息。在大纲中选择所有的城堡主体模型，使用 Ctrl + G 组合键进行"打组"，并命名为"chengbao"，如图 6 – 121 所示。

39. 在场景中创建球体，保持默认的段数（20，20），如图 6 – 122 所示。

40. 调整球体位置，并使用"缩放"命令将其调整至如图 6 – 123 所示效果。

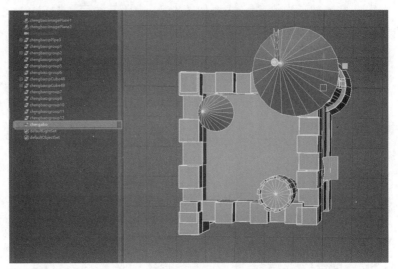

图 6 – 121　复制面

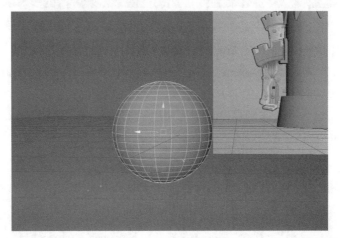

图 6 – 122　拉出蓝色轴

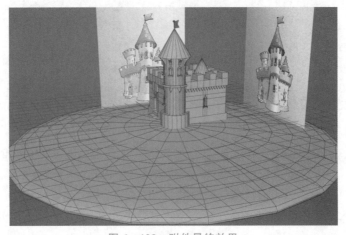

图 6 – 123　附件最终效果

任务三　周围环境制作

技能目标

本案例学习如何制作城堡的周围环境模型，重点让学生掌握城堡周围环境模型的制作思路和制作方法。

任务描述

本案例的主要任务是制作城堡周围的环境模型，要求模型结构准确，比例合理，跟模型主体风格一致，符合参考图的要求，如图 6-124 所示。

图 6-124　周边环境模型

制作思路

首先对地面进行起伏调整，并复制出不同的石头的形态，最后进行位置调整，以达到最终的效果。

案例制作

1. 选择制作好的地面模型，如图 6-125 所示。

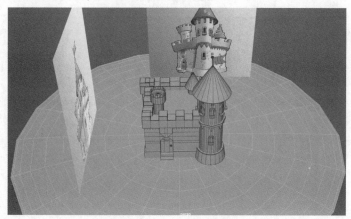

图 6-125　选择地面模型

2. 按住空格键进入"透视图"，鼠标右击，进入"点"级别，按下 B 键进入软选择模式（按住 B 键并移动鼠标左键，可以调整软选择的范围），随机选择分布在不同位置的点进行位置调整，营造出起伏不平的地面效果，如图 6 – 126 所示。

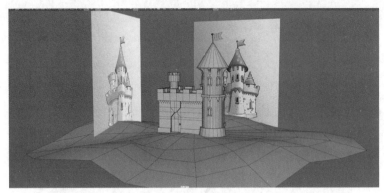

图 6 – 126　地面调整效果

3. 制作大小不同的石头。新建一个立方体，按 Shift + 鼠标右键，选择"平滑"工具，效果如图 6 – 127 所示。鼠标右击，进入"点"级别，依据石头的不规则外形调整点，效果如图 6 – 128 所示。

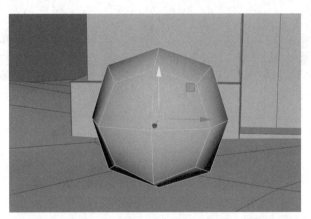

图 6 – 127　平滑

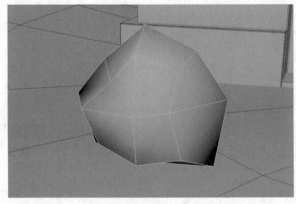

图 6 – 128　调整

4. 对做出来的模型进行"缩放"，并按 Ctrl + D 组合键进行复制，效果如图 6 – 129 所示。

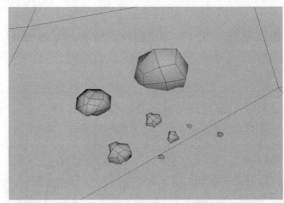

图 6 – 129 复制调整

5. 将石头全部选中，按 Ctrl + G 组合键进行打组，单击"修改"→"居中枢轴"，然后按 Ctrl + D 组合键进行复制，移动到另外一个地方并改变石头的方向和大小，如图 6 – 130 所示。

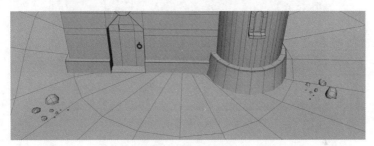

图 6 – 130 调整

6. 这样城堡就制作完成了，效果如图 6 – 131 所示。

图 6 – 131 古建筑整体模型效果

任务四　其他细节制作

技能目标

本案例学习如何制作城堡的细节模型，重点让学生掌握城堡细节模型的制作思路和制作方法。

任务描述

本案例的主要任务是对城堡模型进行细节处理并对总体模型进行调整，使城堡模型结构准确，比例合理，跟模型主体风格一致，符合参考图的要求，如图 6 - 132 所示。

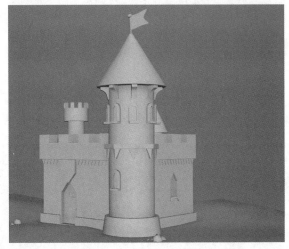

图 6 - 132　城堡最终模型

制作思路

首先选择城堡主体建筑的基座部分模型，使用倒角工具进行细化模型细节。然后使用相同的倒角方法，为其他的城堡模型结构进行细化工作。最后检查各模型的布线细节，完成模型细节环节。

案例制作

1. 现在对模型进行细化处理。选择如图 6 - 133 所示模型，鼠标右击，进入"边"级别，选择上、下两条边，按住 Shift + 鼠标右键，选择"倒角"命令进行倒角边操作，将"分数"改为 0.05，"分段"改为 3，如图 6 - 134 所示。按鼠标右键，进入"对象"级别。

图 6 - 133　选择模型

2. 选择如图 6 – 135 所示模型，鼠标右击，进入"边"级别，选中需要细化的边，按住 Shift + 鼠标右键，选择"倒角"命令，效果如图 6 – 136 所示。

图 6 – 134　设置倒角参数

图 6 – 135　选择模型

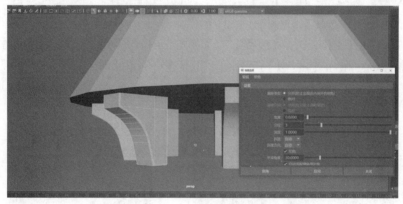

图 6 – 136　设置倒角参数

3. 使用同样的方法将其他几个相同的模型进行相同处理，或者直接按 Ctrl + D 组合键复制。

4. 下面选择城堡的屋顶的边进行倒角，如图 6 – 137 所示。

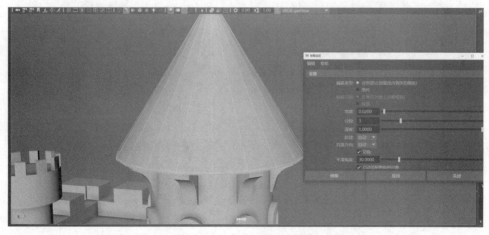

图 6 – 137　为屋顶边设置倒角

5. 接下来对附件的屋顶做相同的处理，如图 6 – 138 所示。

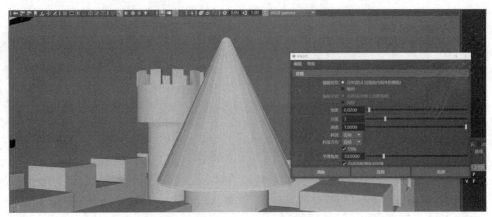

图 6 – 138 为附件屋顶设置倒角

6. 对于线比较多模型，如图 6 – 139 所示，可以这样处理：首先鼠标右击，进入"边"级别，全选所有的边，按住空格键进入"前视图"，按住 Ctrl 键减选如图 6 – 140 所示的线段，按住空格键进入"顶视图"，按住 Ctrl 键，减选如图 6 – 141 所示的线段，最后按住空格键进入"透视图"，按 Shift + 鼠标右键，使用"倒角"工具进行倒角处理，如图 6 – 142 所示。

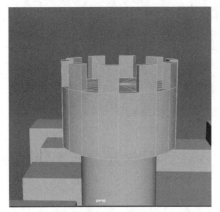

图 6 – 139 选择边

图 6 – 140 减选线段（1）

图 6 – 141 减选线段（2）

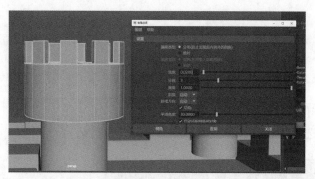

图 6 – 142　完成倒角

7. 最后将场景中的城墙顶、砖瓦、窗户、墙裙、门等模型都进行倒角处理，效果如图 6 – 143 所示。

图 6 – 143　倒角完成效果

项目三　案例制作——材质制作

任务一　场景 UV 制作

技能目标

本任务通过案例学习如何制作场景的材质，重点是让学生学会利用 Maya 来展开 UV 的方法，并掌握用 PS 绘制贴图的能力。

任务描述

本案例的主要任务是为场景中的模型增加材质，并能够通过展开 UV 绘制贴图进行调整，让模型的材质看起来自然协调，让它与原图尽可能相似。

制作思路

首先选中模型，然后选择 UV 界面进行展开，通过 PS 绘制，最后完成整个场景材质的制作。

案例制作

1. 选中所要展开的模型，然后单击上方"建模"中的"UV"选项，如图 6 – 144 所示。

2. 点开之后，选中"UV"中的"平面"命令，如图 6 – 145 所示。

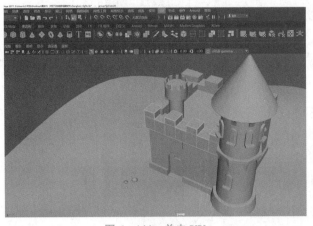

图 6 – 144　单击 UV

图 6 – 145　选中"平面"命令

3. "UV 编辑器"是贴图展开的平台，而"平面"则是展开的工具，将"平面"打开后，会看到 X、Y、Z 三个坐标方向，如图 6 – 146 所示，每个方向代表着展开的形状，所以一定要看清楚 Maya 界面左下角坐标轴的方向，如图 6 – 147 所示。

图 6 – 146　打开平面展开工具

图 6 – 147　坐标轴方向

4. 右视图和左视图以平面 X 轴展开，前视图和后视图以平面 Z 轴展开，俯视图和仰视图以 Y 轴展开，掌握坐标方向之后，就可以进行操作了。先单击模型，然后选择展开方向，以 Z 轴的方向展开，如图 6 – 148 所示。

5. 在"UV 编辑器"中打开"棋盘格"，检查贴图是否有拉伸，图 6 – 149 所示。棋盘格的黑白块展开的形状必须都是正方形，不得有长方形，否则为拉伸。展开之后的效果如图 6 – 150 所示。

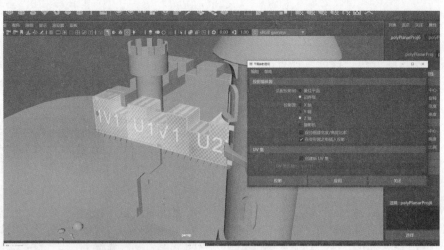

图 6 – 148　Z 轴展开

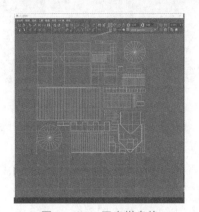

图 6 – 149　开启棋盘格

图 6 – 150　正方形棋盘格测试

6. 圆柱形的模型可以选择"圆柱形"映射进行展开，展开的结果如图 6 – 151 所示。

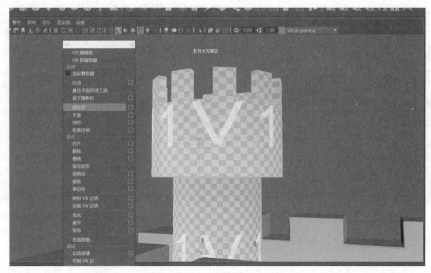

图 6 – 151　圆柱展开工具

7. 对于数量较多的零散重复模型，可以单独展开一个模型的 UV，然后复制展开好的模型即可。复制展开好的模型之后，需要修改"UV 编辑器"中 UV 的位置，因为 UV 不能重叠，所以需要重新分布。长按鼠标右键，拖动选择"壳"命令对 UV 点进行移动调整，如图 6－152 和图 6－153 所示。

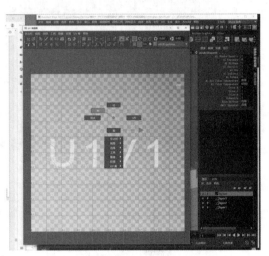

图 6－152 UV 排布   图 6－153 UV 壳

8. 可以重复这些命令，最终将所有模型都展开好 UV。展开好的模型尽量集中到一个 UV 面板里进行贴图绘制。注意贴图的排版及位置。完成效果如图 6－154 所示。

9. 排布好之后，就可以将贴图导出 JNG 格式进行绘制。长按鼠标右键，选择"UV"命令，框选所有 UV 点，如图 6－155 所示。然后打开"UV 编辑器"→"多边形"→"UV 快照"，如图 6－156 所示，单击之后，将图片比例改成 1 024 × 1 024 的格式，将图片文件命好名字，存好位置，图片格式改成 PNG，确定即可导出，如图 6－157 所示。

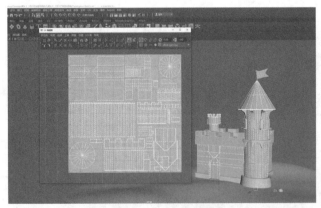

图 6－154 UV 排布最终结果   图 6－155 框选 UV 点

10. 最终 UV 导出效果图如图 6－158 所示。

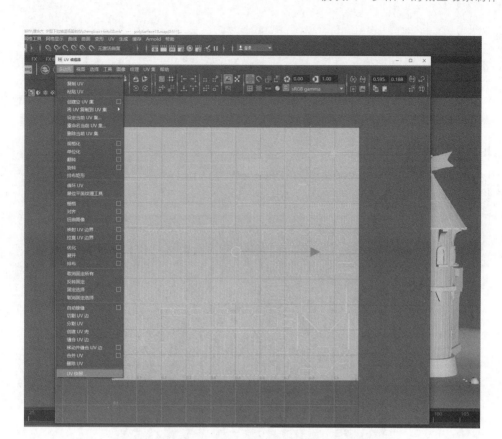

图 6-156 UV 快照

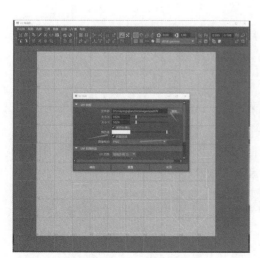

图 6-157 调整 UV 快照设置

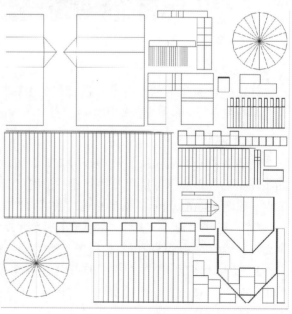

图 6-158 UV 最终效果

任务二 绘制贴图

技能目标

本案例主要学习城堡场景的贴图绘制，重点让学生掌握贴图绘制流程、软件基本操作技法和贴图绘制方法。

任务描述

本案例的主要任务是在 Maya 和 Photoshop 软件的配合下绘制城堡模型的贴图，让模型看起来更加美观，并符合参考图的要求，如图 6－159 所示。

图 6－159 绘制贴图效果

制作思路

首先在 Photoshop 软件中导入设置好的 UV 图片，并根据参考图的色彩构成绘制贴图，经过调整和完善，最终完成贴图绘制，并导入 Maya 软件中呈现最终效果。

案例制作

1. 首先打开 Photoshop，将展开好 UV 的图片导入 Photoshop 里，如图 6－160 所示。在 Photoshop 右下角的"图层栏"中新建一个图层，名称为"图层 1"。将它拖到"图层 0"的下方，如图 6－161 所示。然后单击"图层 1"，在"调色板"中调成白色，左键长按左侧"工具栏"中的"渐变工具"，在弹出的子菜单中选择"油漆桶"工具，单击"图层 1"的主面板，后面的棋盘格即可变为白板，如图 6－162 所示。

2. 双击"图层 0"的白框，打开"图层样式"界面，勾选"描边"，勾选完成之后，单击"确定"按钮，退出此页面，如图 6－163 所示。这时 UV 的黑边更容易看清楚，如图 6－164 所示。

3. 重新回到"图层栏"中，新建图层为"图层 2"，将其拖到"图层 0"和"图层 1"之间，这是绘制贴图颜色的图层，如图 6－165 所示。

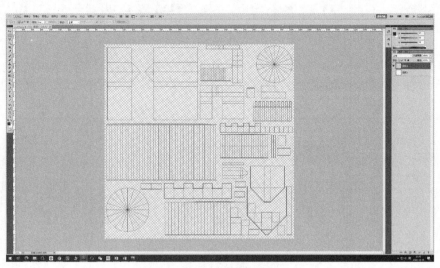

图 6 – 160　Photoshop 界面

图 6 – 161　图层栏

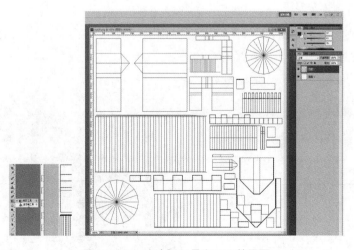

图 6 – 162　油漆桶工具和 UV 效果图

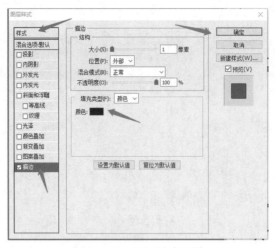

图 6 - 163　图层样式设置

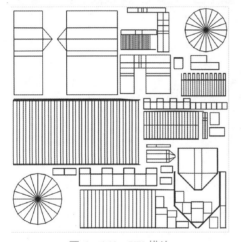

图 6 - 164　UV 描边

图 6 - 165　新建图层

4. 贴图绘制通常需用到"画笔工具"和"渐变工具",如图 6 - 166 所示,而颜色可以在"拾色器"中进行调试,图 6 - 167 所示。

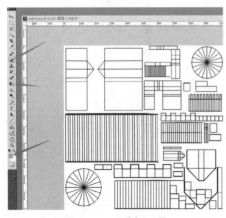

图 6 - 166　选择工具

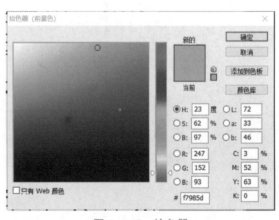

图 6 - 167　拾色器

5. 将原图打开，并拖曳到旁边，对照着将 UV 进行上色，操作命令为"文件"→"打开"，如图 6 - 168 所示。

图 6 - 168　打开文件

6. 使用"渐变工具"将阴影和色相调成与原图相似的颜色之后，单击需要渐变的图层，单击一个起点，往任意方向移动，移动到哪里，颜色的渐变方向就在哪里，如图 6 - 169 所示。

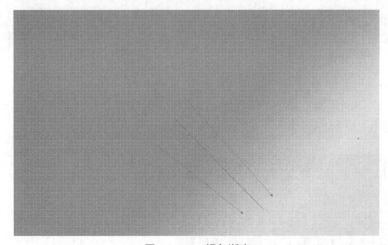

图 6 - 169　颜色渐变

7. 图片中的斑点可以裁剪原图，然后拖曳到贴图层中，单击"框选"，选取所要裁剪的符号，然后单击"移动工具"移动到贴图层中，如图 6 - 170 所示。

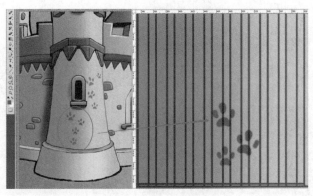

图 6 - 170　剪裁图案

8. 以上操作即可完成绘制贴图的工作。将"图层 0"的黑线框取消显示，如图 6 - 171 所示。然后单击"文件"→"存储为"，保存到文件夹中，如图 6 - 172 所示。

图 6 – 171　隐藏显示

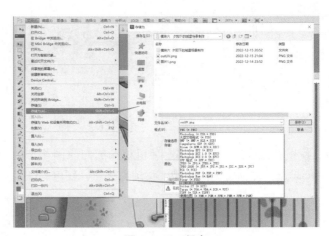

图 6 – 172　保存

9. 在 Maya 中选择城堡模型，长按鼠标右键，往下拉至"指定新材质"，新建"Lambert"材质，单击 ■，单击"文件"，将绘制好的贴图打开，赋予选中的模型，如图 6 – 173 和图 6 – 174 所示。

图 6 – 173　选择材质

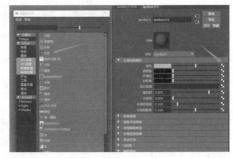

图 6 – 174　选择文件

10. 接下来重复操作，最终得出贴图完成的模型，如图 6 – 175 所示。

图 6 – 175　完成图

项目四　案例制作——灯光制作

任务一　制作灯光

技能目标

本任务通过案例学习如何在 Maya 中创建灯光，重点是让学生在场景中学会如何合理地摆放灯光，并加以渲染，做出完美的效果。

任务描述

本案例的主要任务是在 Maya 中创建灯光，对绘制好贴图的模型加以渲染，让模型更加生动形象。

制作思路

首先打开 Maya 中的"创建"菜单，然后创建"灯光"，通过调试灯光位置以及光的强弱，最后进行渲染调试，得到最终效果。

案例制作

1. 单击"创建"→"灯光"，通常都会将几个聚光灯结合在一起使用，单击创建"聚光灯"，如图 6 – 176 所示。

图 6 – 176　选择聚光灯

2. 灯光的光线只能照射到直接达到的地方，因此，想要得到现实生活中的光照效果，就必须创建多盏灯光，从不同角度来对场景进行照明。创建四个"聚光灯"，其中一个聚光灯为暖色，为主光灯，单击"聚光灯"，使用"spotLightShape"选项卡调整灯光的属性，如图 6 – 177 所示。

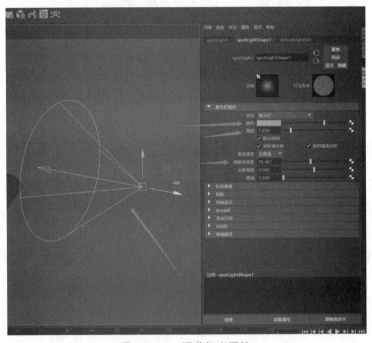

图 6 – 177　调节灯光属性

3. "圆锥体角度"是调节灯光照射大小的控制器，数值越小，照射面越小，如图 6 – 178 所示。

4. 因为是主光灯，所以打开"光线跟踪阴影"，让渲染成果显得更立体，其余的三个辅光灯就可以关掉"光线跟踪阴影"了，如图 6 – 179 所示。

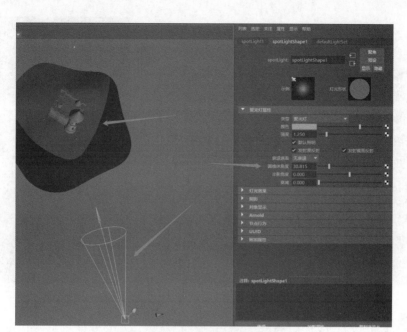

图 6 –178　圆锥体角度

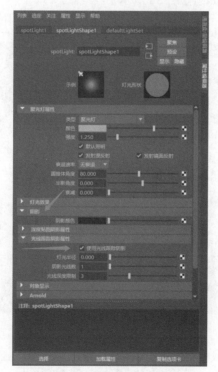

图 6 –179　光线跟踪阴影

　　5. 主光灯的编辑器调整好了之后，接下来将三个"聚光灯"的位置调整好，如图 6 –
180 所示。对辅光灯的颜色控制器进行调整，如图 6 –181 所示。

图 6 – 180　灯光位置调节　　　　　　　　　　　　图 6 – 181　调节灯光属性

6. 选择底部的"聚光灯"，将它的冷色调颜色调深，光的强度调低，让地面有种自然感，显得不突兀，具体参数如图 6 – 182 所示。

7. 将 Maya 界面上方的"灯光显示"打开，预览灯光的照射方向，如图 6 – 183 所示。

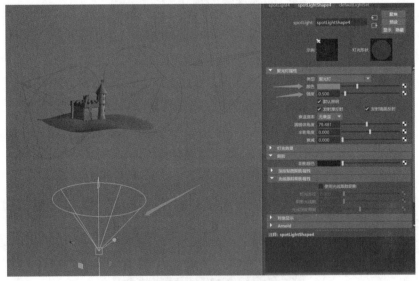

图 6 – 182　调节灯光属性

图 6 – 183　灯光显示

任务二　场景渲染

技能目标

本案例学习如何进行场景的基础渲染，重点让学生掌握 Maya 软件的基础渲染器的渲染参数调节和渲染流程。

任务描述

本案例的主要任务是对制作好的三维场景进行渲染设置和渲染输出，让整个场景看起来层次分明、场景氛围协调并有卡通风格的效果，如图 6 - 184 所示。

图 6 - 184　完成效果图

制作思路

首先在渲染设置中选择软件渲染器，再设置渲染的图片格式、图像大小和图像质量，然后进行不断测试，最后完成渲染并保存输出。

案例制作

1. 灯光调试完之后，接下来就是渲染了，单击上方的"渲染设置"，使用"Maya 软件"渲染，如图 6 - 185 所示。

2. 在"渲染设置"中将图片格式改为"JPEG"，将图像大小改为"HD 720"，如图 6 - 186 和图 6 - 187 所示。

3. 将"图像质量"改为"中间质量"，渲染速度较快而且可以保证质量，如图 6 - 188 所示。

4. 渲染设置调整好之后，就可以调到与原图相似的角度进行渲染，在 Maya 上方单击测试渲染，如图 6 - 189 所示。

5. 经过不断的渲染测试之后，最终的效果图如图 6 - 190 所示。

图 6 – 185　Maya 软件渲染

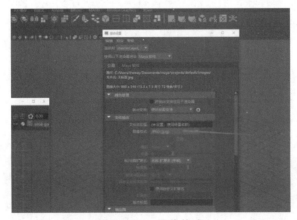

图 6 – 186　图像格式

图 6 - 187　图像大小修改

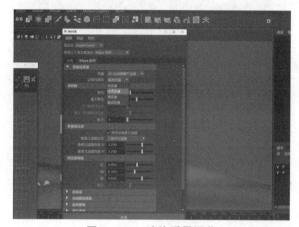

图 6 - 188　渲染质量调节

图 6 - 189　渲染测试

图 6 - 190　完成效果图

模块小结

本模块学习了完整的城堡模型制作流程，包括模型制作、材质制作、贴图绘制、灯光布置、渲染设置、效果图输出等环节。也集中使用了 Maya 和 Photoshop 软件，最终完成了城堡效果的制作。

制作如图 6 – 191 所示模型效果。

图 6 – 191　拓展练习